大规模作战航材保障理论与方法

郭峰 吴捷 李丽 史玉敏 张素琴 著

国防工业出版社

·北京·

内 容 简 介

本书内容主要阐述了大规模作战航材保障研究现状、大规模作战航材需求预测和储备决策、大规模作战航材战场抢修保障、大规模作战航材保障模式、大规模作战航材保障信息系统、大规模作战航材保障相关建议，内容具有一定的创新性与实用性。

本书可以作为航空勤务技术与指挥专业本科生的教材和后方专业勤务专业硕士研究生的参考书。

图书在版编目（CIP）数据

大规模作战航材保障理论与方法/郭峰等著. —北京：国防工业出版社，2024.1
ISBN 978-7-118-12899-4

Ⅰ.①大… Ⅱ.①郭… Ⅲ.①作战-航空材料-研究 Ⅳ.①V25

中国国家版本馆 CIP 数据核字（2024）第 018498 号

※

国防工业出版社出版发行
（北京市海淀区紫竹院南路23号 邮政编码100048）
北京凌奇印刷有限责任公司印刷
新华书店经售

*

开本 710×1000 1/16 印张 9¾ 字数 172 千字
2024 年 1 月第 1 版第 1 次印刷 印数 1—1200 册 定价 92.00 元

（本书如有印装错误，我社负责调换）

国防书店：(010)88540777　　书店传真：(010)88540776
发行业务：(010)88540717　　发行传真：(010)88540762

前言 | PREFACE

目前国际形势变幻莫测，未来战争随机性、复杂性和艰巨性越来越明显。而我国周边形势非常复杂，多个方向都存在发生大规模作战的可能性，所以我们要做好随时应对大规模作战的准备。大规模作战具有参战机型多、作战样式多、作战强度高，航材消耗大、精确保障要求高，航材保障力量多元、协调难度大，战场抢修保障要素多、保障难度大，信息资源占主导、信息化程度高等特点，这对大规模作战航材需求和储备预测的准确性、配置的合理性、补给的及时性、战场抢修的高效性以及航材保障信息的实时共享、全程可视、智能决策等都提出了较高的要求。但是，当前的航材保障条件尚无法满足大规模作战航材保障的要求，同时关于航材保障的现有研究成果也不能为大规模作战航材保障提供直接、有效、系统的理论支持。随着军事斗争准备的日渐深入，平时的飞行训练、对抗演习等军事任务日益强调实战化，以锤炼出部队的实战能力。因此，如何围绕大规模作战航材保障需要开展卓有成效的理论和方法研究是当前实战化训练与战争准备的迫切需要。

本书作者在承担航材筹措供应标准、远海装备保障模式等课题研究成果的基础上，紧跟国内外相关理论研究前沿，重点运用系统工程、概率论、数理统计、可靠性维修理论、粗糙集理论、边际分析等理论与方法，提出了大规模作战储备航材品种的筛选方法，建立了一套大规模作战航材需求预测和储备模型并进行了仿真验证；借鉴了美军、俄军等外军的航材保障经验，对大规模作战航材战场抢修保障、航材保障模式、航材保障信息系统等进行了深入研究；最后针对大规模作战航材储供决策、远海作战航材保障等工作提出了相关建议。总体上来说，本书所提出的大规模作战航材保障理论与方法比较系统，有一定的创新性和理论性，同时也具有一定的实用性。

本书包括以下内容。

第 1 章概述，包括大规模作战航材保障研究的背景、大规模作战航材保障研究的任务特点、大规模作战航材保障的基本要求、大规模作战航材保障研究的作用与意义。

第2章大规模作战航材保障研究现状,包括平时航材保障相关研究、战时航材保障相关研究、大规模作战航材保障相关研究、大规模作战航材保障问题分析。

第3章大规模作战航材需求预测和储备决策,包括大规模作战航材品种筛选方法、大规模作战航材需求影响因素、大规模作战可用飞机数量预测模型、大规模作战航材需求预测模型、大规模作战航材储备模型、大规模作战航材需求仿真模型、基于Opus10的大规模作战航材储备标准仿真验证。

第4章大规模作战航材战场抢修保障,包括平时航材维修存在问题、战场抢修概述、航材战场抢修特点及其与平时维修的区别、航材战场抢修组织机构、航材战场抢修保障工装。

第5章大规模作战航材保障模式,包括航空装备维修体制概述、远海作战航空装备器材保障机构、远海作战航材军内保障模式、远海作战航材军地一体化保障模式。

第6章大规模作战航材保障信息系统,包括大规模航材物联网仓储系统、大规模航材管理信息系统、大规模航材业务决策支持系统、航材保障信息系统综合集成平台。

第7章大规模作战航材保障相关建议,包括大规模作战航材储供建议、远海作战航材保障建议、战场抢修保障建议、军地一体化航材保障建议。

本书主要由郭峰撰写,吴捷、李丽、史玉敏、张素琴参与了撰写工作。其中,第1~2章由郭峰撰写,第3章3.1节~3.5节由郭峰撰写、3.6节~3.7节由吴捷、郭峰撰写,第4章由郭峰、李丽、张素琴撰写,第5~6章由郭峰撰写,第7章由郭峰、史玉敏撰写,全书由郭峰统稿。另外,在编写过程中,参阅了大量文献,吸收了同行们辛勤劳动的成果,李琨、宋丽娜负责全书校对,在此一并表示感谢。

因作者水平有限,不妥之处在所难免,敬请广大读者批评指正。

郭 峰

2023年8月

目录 | CONTENTS

第1章 概述 ·· 001
1.1 大规模作战航材保障研究的背景 ······················ 001
1.2 大规模作战航材保障的任务特点 ······················ 002
1.3 大规模作战航材保障的基本要求 ······················ 003
1.4 大规模作战航材保障研究的作用与意义 ·············· 003

第2章 大规模作战航材保障研究现状 ·················· 004
2.1 平时航材保障相关研究 ·································· 004
   2.1.1 航材保障效能指标 ······························· 004
   2.1.2 航材筹措供应标准和周转比例 ················ 005
   2.1.3 航材品种筛选 ······································ 006
   2.1.4 航材需求预测 ······································ 006
   2.1.5 航材寿命或需求分布检验 ······················ 008
   2.1.6 航材库存优化 ······································ 008
   2.1.7 航材订货 ·· 009
   2.1.8 军地一体化保障 ·································· 009
   2.1.9 航材保障信息系统 ······························· 010
2.2 战时航材保障相关研究 ·································· 012
   2.2.1 战时航材品种确定方法 ·························· 012
   2.2.2 战时航材需求预测 ······························· 013
   2.2.3 战时航材重要度评定 ···························· 013
   2.2.4 战时航材保障能力评估与建设 ················ 014
   2.2.5 战时航材配送 ······································ 015
   2.2.6 战场航材抢修 ······································ 015
2.3 大规模作战航材保障相关研究 ························ 015
   2.3.1 大规模作战装备保障与仿真 ··················· 015
   2.3.2 大规模作战军地一体化保障 ··················· 016

2.3.3　大规模作战后勤保障 …………………………………… 016
2.4　大规模作战航材保障问题分析 ……………………………………… 016
　　2.4.1　航材需求预测与储备决策存在问题 …………………… 016
　　2.4.2　航材战场抢修保障存在问题 …………………………… 017
　　2.4.3　航材保障模式存在问题 ………………………………… 017
　　2.4.4　航材保障信息系统存在问题 …………………………… 018

第3章　大规模作战航材需求预测和储备决策 ………………… 019

3.1　大规模作战航材品种筛选方法 ……………………………………… 019
　　3.1.1　基于ABC分类法的航材分类方法 ……………………… 019
　　3.1.2　基于属性分析法的航材分类方法 ……………………… 021
3.2　大规模作战航材需求影响因素 ……………………………………… 029
　　3.2.1　基于消耗规律的航材分类 ………………………………… 029
　　3.2.2　平时航材需求的影响因素 ………………………………… 031
　　3.2.3　战时航材需求的影响因素 ………………………………… 034
3.3　大规模作战可用飞机数量预测模型 ………………………………… 035
　　3.3.1　假设条件 …………………………………………………… 035
　　3.3.2　战役期间总体可用飞机数量预测模型 ………………… 035
　　3.3.3　计算参数取值 ……………………………………………… 036
3.4　大规模作战航材需求预测模型 ……………………………………… 037
　　3.4.1　到寿需求预测模型 ………………………………………… 037
　　3.4.2　故障需求预测模型 ………………………………………… 039
　　3.4.3　作战损伤需求预测模型 …………………………………… 045
　　3.4.4　大规模作战航材需求预测模型 …………………………… 047
　　3.4.5　算例 ………………………………………………………… 047
3.5　大规模作战航材储备模型及应用 …………………………………… 053
　　3.5.1　大规模作战航材储备模型 ………………………………… 053
　　3.5.2　大规模作战航材储备标准及其使用方法 ………………… 053
3.6　大规模作战航材需求仿真模型 ……………………………………… 054
　　3.6.1　蒙特卡罗仿真概述 ………………………………………… 055
　　3.6.2　基于马尔可夫法的航材需求蒙特卡罗仿真模型 ……… 056
　　3.6.3　基于灰色系统法的航材需求蒙特卡罗仿真模型 ……… 061
3.7　大规模作战航材储备标准的仿真验证 ……………………………… 066
　　3.7.1　案例概要 …………………………………………………… 067
　　3.7.2　航材保障组织结构建模 …………………………………… 067

  3.7.3 飞机构型数据 ·································· 068
  3.7.4 维修信息设定 ·································· 068
  3.7.5 任务数据 ·· 069
  3.7.6 标准评估 ·· 070
  3.7.7 仿真验证 ·· 071

第4章 大规模作战航材战场抢修保障 ············ 073

4.1 平时航材维修存在问题 ······························ 073
  4.1.1 承修厂修理存在问题 ························ 073
  4.1.2 外场维修存在问题 ··························· 075
  4.1.3 场站航材股送修管理存在问题 ············ 076
4.2 战场抢修概述 ·· 076
  4.2.1 战场抢修相关概念 ··························· 076
  4.2.2 战场抢修发展概况 ··························· 077
  4.2.3 战场抢修体制 ·································· 077
4.3 航材战场抢修特点及其与平时维修的区别 ······ 078
  4.3.1 航材战场抢修的特点 ························ 078
  4.3.2 航材战场抢修与平时维修的区别 ········· 079
4.4 航材战场抢修组织机构 ······························· 079
  4.4.1 航材战场抢修领导小组 ····················· 080
  4.4.2 航材战场抢修办公室 ························ 081
  4.4.3 航材战场抢修队 ······························· 082
4.5 航材战场抢修保障工装 ······························· 083
  4.5.1 战场抢修工具箱 ······························· 083
  4.5.2 战场抢修保障装备 ··························· 083

第5章 大规模作战航材保障模式 ···················· 084

5.1 航空装备维修体制概述 ······························· 085
  5.1.1 航空装备维修作业一般模式 ··············· 085
  5.1.2 美国海军航空装备维修体制演变 ········· 085
  5.1.3 军用飞机维修级别及承担任务 ············ 085
  5.1.4 民用飞机维修级别及承担任务 ············ 087
5.2 远海作战航空装备器材保障机构 ··················· 088
  5.2.1 海军航空装备器材保障机构 ··············· 089
  5.2.2 海军海上运输保障机构 ····················· 090

5.3 远海作战航材军内保障模式 ·· 091
    5.3.1 岸基保障模式 ·· 091
    5.3.2 海上保障模式 ·· 093
5.4 远海作战航材军地一体化保障模式 ······································ 098
    5.4.1 军地一体化保障体制 ·· 098
    5.4.2 军地一体化保障模式 ·· 103

第6章 大规模作战航材保障信息系统 ·· 109

6.1 大规模作战航材物联网仓储系统 ·· 110
    6.1.1 物联网概述 ·· 110
    6.1.2 航材物联网仓储系统体系结构 ···································· 111
    6.1.3 物联网技术弊端对军事应用的影响 ································ 114
6.2 大规模作战航材管理信息系统 ·· 114
    6.2.1 传统的航材供应网络 ·· 114
    6.2.2 基于传统供应网络的航材管理信息系统体系结构 ·················· 115
    6.2.3 航材供应链网络 ·· 116
    6.2.4 基于供应链网络的航材管理信息系统体系结构 ···················· 117
6.3 大规模作战航材业务决策支持系统 ·· 120
    6.3.1 决策支持系统概述 ·· 120
    6.3.2 航材业务决策支持系统体系结构 ·································· 121
6.4 大规模作战航材保障信息系统综合集成平台 ······························ 123
    6.4.1 信息系统集成概述 ·· 123
    6.4.2 航材保障信息系统综合集成平台体系结构 ························ 123

第7章 大规模作战航材保障相关建议 ·· 126

7.1 大规模作战航材储供建议 ·· 126
7.2 远海作战航材保障建议 ·· 129
7.3 战场抢修保障建议 ·· 132
7.4 军地一体化航材保障建议 ·· 133

附录 某航材战场抢修预案 ·· 135

参考文献 ·· 138

第1章
概　述

当前国际形势下,我国周边爆发大规模作战的可能性较高,因此亟需开展大规模作战相关问题研究。其中,航材保障既是平时的热点问题,也是大规模作战需要特别关注的难点问题。大规模作战航材保障的任务特点及其基本要求与平时区别很大,这是进一步开展大规模作战航材保障理论与方法研究的基础,必须进行针对性地深入分析。开展大规模作战航材保障理论与方法研究对当前以实战化演训为牵引、以实战能力培养为目标的航材保障工作具有重要的指导价值和现实意义。

本章主要介绍大规模作战航材保障研究的背景、大规模作战航材保障的任务特点、大规模作战航材保障的基本要求以及大规模作战航材保障的作用与意义。

1.1　大规模作战航材保障研究的背景

随着信息技术在军事领域的蓬勃发展,以信息技术为核心的高新技术催生出了一种新的军事形态——信息化战争。在信息化战争中,拥有信息优势的一方将会更多地掌握战场的主导权。目前,国际形势变幻莫测,未来战争随机性、复杂性和艰巨性越来越明显。而我国周边形势非常复杂,多个方向都存在发生大规模作战的可能性,所以我们要做好随时应对大规模战争的准备。

大规模作战的样式不再是传统的单一军种为主的样式,而是多军兵种联合作战,统筹利用陆海空力量实施的高强度、大范围、多手段的联合打击。其中,航空装备在大规模作战中发挥着极其重要的作用,是夺取制空权以及对地、对海打击的主要突击力量,在很大程度上影响着战争的胜负。大规模作战样式多、机种多、任务强度大、装备作战损伤多,航材需求影响因素复杂且消耗量远远超过平时,所以航材的保障难度很大。另外,目前尚未发现国内外有对大规模作战航材保障问题进行系统性研究的文献。因此,大规模作战航材保障问题是一个亟需研究的新领域、新课题。

大规模作战航材保障是为满足远海防卫作战、国土防卫作战等大规模作战任务的需要,组织实施的航材维修和供应保障工作。大规模作战航材保障的目的是运用航材和技术手段,保持、恢复或提高各类航空装备的战术技术性能,达到规定的战备程度,确保大规模作战中任务的完成。本书主要围绕航材的维修保障与使用保障开展相关研究,其中航材的使用保障是研究的重点。

大规模作战持续多长时间对大规模作战航材保障决策的影响很大,那么按照多久的作战时限进行大规模作战航材保障理论和方法研究比较合适呢？1990年8月至1991年2月发生的海湾战争进行了陆海空联合作战,战争过程中包括"沙漠盾牌"行动、"沙漠风暴"行动和海上拦截行动三个军事行动,持续时间约半年。鉴于此,本书按照半年的作战时限开展大规模作战航材保障理论与方法研究。

1.2 大规模作战航材保障的任务特点

1. 作战样式多,精确保障要求高

大规模作战的样式有航母编队远海作战、两栖编队登陆作战、陆上各军兵种联合作战等多种样式;而在不同的作战样式中,将适当的航材在准确的时间送达准确的地点实施高效精确保障,对大规模作战航材保障任务的顺利完成非常重要。

2. 作战强度高,航材消耗大且补给难

大规模作战参战机型比较多,作战强度远超平时训练的任务强度,所以航材的自然消耗和作战损伤都比较大,保障任务繁重。在远海作战中,航母编队和两栖编队远离本土,在海上活动时间长达数月,补给线在数千海里以上,后方支援非常困难。

3. 航材保障力量多元,协调难度大

航材保障力量既有战场抢修力量,也有远程支援力量;既有军内保障力量,也有地方保障力量;既有自主和伴随保障力量,也有机动支援保障力量;既有国内保障力量,也有国外保障力量。要实现航材保障力量的统一部署、合理编组和密切协同,难度非常大。

4. 战场抢修保障要素多,保障难度大

大规模作战战场抢修保障要素多,涉及维修人员、航材、运输和装卸工装等,而战场抢修时间紧、任务重,必须分秒必争。因此,大规模作战要求保障要素必须及时筹措到位、前置部署合理调控、装备战场快速修复,保障难度较大。

5. 信息成为最重要的作战资源,信息技术应用广泛

在当前的信息化战争中,信息及信息技术不再是附着在传统的人员、物力等传统因素上的非独立性因素,而是战斗力、保障力的核心主导性因素,信息也就成为了最重要的作战资源。信息技术在检测监控的自动化、技术资料的电子化和便捷化、专家维修的远程化、物资保障的精确化及决策的智能化等领域得到了广泛的应用。

1.3 大规模作战航材保障的基本要求

(1) 大规模作战航材需求应摸清规律、准确预测。
(2) 大规模作战航材储备应优化布局、合理配置。
(3) 大规模作战航材保障模式应军地联合、综合运用。
(4) 大规模作战航材抢修应快速反应、快速修复。
(5) 大规模作战航材信息应实时共享、智能决策。
(6) 大规模作战航材管理应全程可视、高效保障。

1.4 大规模作战航材保障研究的作用与意义

本书所提出的大规模作战航材保障理论与方法能够为各级航材主管部门开展大规模作战航材储备和供应、航材战场抢修、航材保障模式运用和航材保障力量建设提供决策支持,对当前以实战化为牵引、以实战能力培养为目标的航材保障工作具有重要的指导价值和现实意义。

第2章
大规模作战航材保障研究现状

美国、俄罗斯军队近年来推行精确后勤保障,对航材、军械、油料等物资器材的需求预测和储备决策、航材战场抢修保障和军地一体化保障等相关理论和方法进行了大量研究,并应用相关理论优化物资库存,对航材的管理控制达到了较高的水平。国内外对相关领域也开展了大量研究,对开展大规模作战航材保障理论和方法研究具有一定的借鉴价值。但是,现有文献中针对大规模作战航材保障方面的研究比较缺乏,而且研究的深度不够、系统性不强。

本章从平时航材保障相关研究、战时航材保障相关研究、大规模作战航材保障相关研究、大规模作战航材保障问题分析四个方面对大规模作战航材保障相关领域的研究现状进行了详细阐述。

2.1 平时航材保障相关研究

2.1.1 航材保障效能指标

陆四海等阐述了航材保障任务完成程度指标、航材保障持续保障能力指标、航材保障反应速度指标三类航材效能指标[1]。其中,航材保障任务完成程度指标包括航材供应良好率,又称航材保障良好率,是指在一定时间内,航材供应良好架日占航材供应总架日之比;航材供应满足率,即航材保障率,是指在规定的时间内航材供应的总件数与同期所需航材的平均总件数之比,它是反映航材供应水平的重要指标。航材保障持续保障能力指标包括航材消耗率、航材库存总量。航材保障反应速度指标包括航材保障仓库的数量与布局、航材投送能力、航材保障信息化水平。杜俊刚等介绍了美国空军为了达到在随机需求过程中用最少的预算经费最大限度地实现备件保障目标而研发了一批复杂的概率模型,阐述了这些模型采用的供应指标体系及其定义和计算公式,该供应指标体系包括期望缺货数(即期望短缺数)、缺货延迟时间、航材供应度(即满足率)、飞机使用可用度(即航材供应使飞机不发生缺件停飞的概率)四个指标[2]。该文献认为航材供应度的高低不能直观地反映到对飞行造成的影响上,但航材保障良好率指标能体现缺货对飞机使用的影响程度,对改进后勤保障策略、提高飞机战备完好性具有重要意义;在利用航材保障良好率对储备结构进行优化时,只需要选择重要、昂贵、常耗的航材,这些航材的保障对航材保障良好率的影响能近似反映整个机型航材保障工作对航材保障良好率的影响。

2.1.2 航材筹措供应标准和周转比例

辛后居等针对航材筹措方案制订的需要,阐述了消耗件和可修件单装消耗标准的制订方法。但是,该方法没有考虑器材消耗离散程度、装备实力、装备服役年限等因素对消耗标准的影响;另外,可修件消耗标准的制订方法没有考虑报废因素,所计算的仍然是周转量而不是实际消耗掉的数量[3]。郭峰等深入分析了影响消耗标准和周转标准的因素,建立了分别用于测算年消耗量和年周转量标准的航材消耗和周转模型[4];但对各标准的影响因素考虑不全面,没有提出从系统角度对周转量进一步优化的方法,没有对所采用的统计分布进行非参数假设检验,没有考虑携行需求。周海军等分析了防空兵弹药消耗标准的影响因素,建立了弹药消耗标准解析模型[5]。崔亦斌等阐述了影响备件消耗标准的主要因素,建立了备件消耗标准模型[6]。张富兴等对中国重型汽车燃料消耗标准影响因素进行了分析,确定了燃料消耗量测算的关键因素[7]。赵建民提出了备件品种与数量的综合决策方法,即相似性方法、专家推理法和工程分析法,设计了新装备备件消耗标准的决策系统[8]。毕义明等建立了装备备件消耗标准的预测模型[9]。刘筱晨等构建了军队经费消耗标准定额模型[10]。罗承昆等提出了航空兵团日常训练任务航材需求量和外地驻训任务航材携行量的确定方法,库存限额下限为日常训练需求量、上限为日常训练需求量与携行量之和[11]。该文献认为无规定寿命的部件消耗均为随机故障,有规定寿命的部件单独预测年到寿周转量。但是,如果集中到寿的时间正好在一年年末和下一年年初,实际所需的周转量会比按年度预测的周转量大很多,该文献没有考虑到这一点。另外,该文献没有考虑到可修件报废、供货周期等因素的影响,库存限额上限没有考虑每年消耗掉的部分,而实际上每年都需要针对这部分消耗补充相应的库存。董骁雄等提出通过装备完好率、使用可用度、平均故障停机时间与满足率之间的函数关系确定备件需求[12],但采用的系统保障效能指标与我军航空装备维修器材保障实际不一致。张利旺等建立了基于贝叶斯网络的可修件消耗定额预测模型[13],但没有考虑器材到寿问题以及寿命或需求分布,也没有考虑可修件报废、供货周期等因素的影响。

2.1.3 航材品种筛选

张仕念等分析了战储备件的特点以及战储备件品种筛选的影响因素,根据粗糙集(rough set)理论提出了战储备件品种筛选的属性分析法[14],该方法可以较好地解决战储备件品种的筛选问题,也可用于周转备件品种的筛选。GJB 1378A—2007《装备以可靠性为中心的维修分析》认为以可靠性为中心的维修分析是装备保障性分析中的一个重要环节,其目的是以最少的维修资源消耗保持装备固有的可靠性水平[15]。刘挺等从关键性、可更换性、寿控性、作战损伤性、可靠性、通用性、冗余结构、消耗性、经济性、筹措性10个因素出发,提出维修部门使用逻辑决断图定性方法确定航材品种需求,使用主成分分析法确定航材品种配置策略[16]。

2.1.4 航材需求预测

1. 基于维修理论的航材需求预测

赵淑舫分析了航材需求规律,建立了泊松需求预测模型;并提出为了保持合理的库存水平,正常发付率不能过高,应在90%~92%之间[17]。另外,航材出厂前已经消除了早期故障;有耗损故障期的器材只有刹车片等少量外场可更换单元,实际工作中一般按照年平均消耗量的2~3倍进行储备。因此,可以认为装机使用器材基本均在偶然故障期,其故障率恒定,需求服从泊松分布。高崎等认为周转备件主要用于保持对备件的持续供应,以避免备件订货的延误风险,并建立了威布尔比例故障率模型[18]。倪现存等建立了飞机周转备件需求预测模型[19-21]。唐伟结合航材消耗、维修情况,建立了基于事后维修和视情维修的航材需求预测模型[22]。I. Milojevic等认为器材需求是确定的或随机的、平稳的或非平稳的、连续的或离散的、满意的或不满意的,建立了可控和不可控两种情况下的需求预测模型;同时提出,有些特殊情况是模型所不能预测的,需要通过管理方法来解决[23]。J. L. Adams等讨论了美国空军飞机可修复备件的需求预测问题,说明了不确定性在备件需求预测方面的影响,阐述了管理手段在平时和战时器材保障方面的补充作用[24]。毛海涛等对影响航空发动机周转备份数量的主要因素进行了分析,提出了发动机的正常备份数量和初始备份数量、飞机全寿命周期发动机订货数量和发动机订货数量配齐时间等模型[25]。该文献对航空发动机需求规律的分析比较合理,但所采用的理论与方法比较简单,预测模型与需求规律的符合程度有所不足。

2. 基于时间序列的航材需求预测

解江等利用遗传算法优化滤波预测、神经网络、灰色预测方法的组合权重,实现了发动机需求的组合预测[26]。但是,该文献仅利用飞行时间和送修台数进行时间序列预测,而对航空发动机的需求规律以及所采用预测方法的适用性没有进行深入的分析。左召军等采用时间序列分析法对航材故障率进行预测[27]。X. Ma 等建立了导弹备件消耗时间序列预测模型[28]。A. Regattieri 等研究了航材典型需求的有效预测方法,发现加权移动平均法、指数加权移动平均模型是其中较好的方法[29]。J. Ren 等提出了预测备件需求的一种 ARIMA 时间序列模型[30]。Z. Hua 等提出基于备件需求特性,采用支持向量机预测备件的非零需求[31]。刘信斌等提出根据时间序列乘积季节模型,利用统计软件 SPSS,对收集到的航材需求的历史数据进行了建模、参数估计、检验和预测[32]。贾治宇等将使用过程中备件消耗的数据看作时间序列,通过建立相应的 ARIMA(p,d,q)模型对备件消耗进行预测[33]。刘杨等均利用消耗数进行时间序列预测,但没有考虑到有寿件、可修件和消耗件消耗规律的区别,所建立的模型仅适用于纯消耗性航材的需求预测[34-36]。李院生等提出了应用温特指数平滑法进行装备备件消耗量预测的计算方法和计算步骤[37]。刘晓春等建立了基于指数平滑法的装备维修器材需求量预测模型[38-39]。戚君宜等研究运用简单移动平均法修正历史数据,采用季节指数法预测导航装备维修用备件消耗量[40]。赵劲松等建立了不常用备件需求预测的灰色模型[41]。N. Kourentzes 采用灰色预测、神经网络等方法进行消耗预测[42]。E. Kayacan 等采用 GM(1,1)模型进行备件需求预测[43]。K. N. Amirkolaii 等认为航材需求不断波动的不确定性导致了更高的目标库存水平,采用神经网络建模预测航材供应链中的器材需求[44]。李保华等阐述了基于寿命分布函数、时间序列和成组技术的备件需求预测模型[45]。郭峰等针对可修件需求预测方法的选择仍需要经验判断而不够智能化、自动化的问题,提出了一种二级组合预测方法[46]。文献[46]证明了二级组合预测模型比单一预测模型和低级组合预测模型都要准确,其最大的优势是在预测时不需要专业人员去判断哪一种单一模型最优而是自动寻优。M. M. Rosienkiewicz 等对移动平均、指数平滑、趋势分析、回归分析、神经网络等 8 种时间序列预测法和人工智能方法进行比较,提出了一种回归模型、信息准则和人工神经网络相结合的需求组合预测方法[47]。S. Moon 提出了一种以需求特性为依据,运用人工神经网络、决策树等方法,以预测误差最小为目标函数来寻优的预测方法[48]。上述文献均没有考虑器材故障率、修理周期、供货周期、到寿消耗以及任务携行等因素对需求的影响。

2.1.5 航材寿命或需求分布检验

A. A. Syntetos 等采用卡方分布检验法对美国、英国、欧洲军用装备备件、电子设备备件需求进行了泊松分布、正态分布、伽马分布等统计分布检验研究[49]。该文献将观察期设置为 1 个月,样本观察时间最长 84 个月,最短 48 个月。但实际上观察期不宜太短,否则会导致差均比产生较大变化,这对分布检验结果可能产生较大影响;而最重要的是,该文献没有提供样本数据与检验过程,所以其研究结果缺乏一定的说服力。D. Lengu 等对各种复合泊松分布的拟合优度进行了研究,并提出了基于分布的器材分类方法[50],但没有明确各种器材服从的统计分布。

2.1.6 航材库存优化

A. H. C. Eaves 等认为大部分备件需求都是间断的,讨论了订货预测和库存控制模型,为英国空军利用飞机备件最大限度地提高作战能力提供了可靠的理论依据[51]。G. F. B. Jr 等分析了备件需求的不确定性,利用贝叶斯方法提出了一个与需求一致的需求概率模型,并给出两个重要推论:一是绝大部分备件的需求与飞行时间等因素不相关;二是泊松分布能够充分反映低消耗备件的需求,但随着时间的推移高消耗备件需求的方差通常比其均值大得多,导致高消耗备件需求过程不再符合具有相同均值和方差的简单泊松模型,但可以通过将故障率的分布作为先验分布来解决[52]。C. Craig 等阐述了备件库存优化的理论与方法,利用满足率、短缺数、供应可用度等指标,建立了多等级多层级库存优化模型,采用边际分析法求解[53]。该文献将器材故障分为随机故障和耗损故障两种,并提出绝大部分器材为随机故障器材,仅有电池等少量器材为耗损故障器材;随机故障器材的故障率恒定不变,故障时间服从指数分布,需求服从泊松分布;耗损故障器材的故障率服从浴盆曲线,故障时间服从伽马分布,需求服从二项分布。W. D. Rustenburg 等采用使用可用度作为系统保障效能指标,以一定器材保障经费为约束建立了库存优化模型[54]。石丽娜等提出一种基于泊松分布的库存量确定模型[55]。李圆芳等阐述了波音公司采用的航材库存预测模型,采用智能算法求解,其消耗量也服从泊松分布[56]。聂涛等假设备件需求相互独立且需求服从泊松分布,以供应可用度达到 95% 以上为约束,建立了单项备件的两级闭环供应链库存系统优化模型,运用边际分析法求解[57]。何亚群等假设可修复器材消耗服从泊松分布,提出了一种以飞机可用度为评价指标的可修件需求预测模型[58]。刘源等也假设备件需求服从泊松过程,建立了以可用度为中心和以费用为中心的备件储备量优化模型,飞机可用度不低于95%[59]。邱风等研究了通用雷达装备零部件寿命分布类型,给出了以可靠性为依据确定维修器材储供数量的计算公式[60]。倪冬梅等建立了时间序列分析与多元回归整合的需求预测综合模型以及基于库存成本最小的库存决策模型[61]。

2.1.7 航材订货

陈靓提出通过构建航材供应链管理体系、优化航材订货等方法进行航材库存管理,达到优化航材资源配置、提高航材使用率的目的[62]。李崇明通过可靠性分析建立了时寿件和可修件的采购模型[63]。张瑞昌等假设器材消耗服从泊松分布,利用航材保障率(即满足率)建立了消耗性航材备件订货模型,该模型考虑了供货周期对航材订货决策的影响[64]。GJB 8257—2014《通用雷达装备维修器材筹措供应标准编制要求》提出指数寿命件的需求在期望均值大于0.051时用泊松分布计算,其他时候采用期望均值、保障度计算;正态寿命件采用正态分布计算[65]。GJB 4355—2002《备件供应规划要求》则提出指数寿命件需求一般采用泊松分布计算,只有当期望均值大于5时才采用正态分布近似计算;另外,正态分布件需求采用正态分布计算,威布尔寿命件需求采用威布尔分布计算[66]。GJB 3914—99《电子对抗装备随机备件概算》提出可修件故障和修复时间服从指数分布,消耗件需求服从泊松分布[67]。U. Dinesh Kumar 提出在一个修理周期内在修备件不多时在修时间实际上不存在排队或相互影响的假设,在该假设条件下不需要测量修理分布的形态[68],所以帕尔姆定理得到普遍应用。当然,不能精确地建立修理排队模型,会低估实际修理延误的时间。作者认为修理周期由修复时间、供应延误时间构成,其中修复时间包含排队修理延误的时间,这样所统计的修理周期虽然会偏大一些,但在一定程度上可以平衡排队修理延误期间产生的需求。

2.1.8 军地一体化保障

西方国家普遍实现了后勤及装备保障社会化,在其整个保障过程中,军方只负责需求论证研究、战术技术指标的拟定、监督研发与生产、鉴定验收等工作,而具体的装备开发研制、生产储备、运输保障工作几乎都由地方完成。在保障手段上,则充分利用商业运作、全球信息、电子市场等一切先进手段,实现了便捷的一体化装备指挥与控制;并充分利用社会上的输送力量,采用船运、车运和其他运输方式等迅速而主动地进行大量物资装备的输送和配置,保证部队作战需求。当前,我军正处于由机械化向信息化建设转型的关键时期,必须充分发挥后发优势,实现跨越式发展。我国为了实现发展国民经济与国防建设双赢,制定了军地一体化战略,分两个步骤实施:首先进行军转民,然后发展军民两用技术手段。军民两用技术的研发与发展将积极推动我国军事现代化发展。

国内在军地一体化装备保障方面也开展了很多研究,但在大规模作战航材军地一体化保障方面的研究比较缺乏。下面的一些相关文献对开展大规模作战航材军地一体化保障的研究具有一定的参考价值。张守玉等以美军战场合同商保障为鉴,考虑了军民融合保障参与实体的不同特点,从整体观念、优势互补、协调机构、核心保障、训练实施等方面给出了措施建议[69]。张平等介绍了美军军民融合一体化装备保障的实践和特点及其对我军军民融合一体化装备保障的启示[70]。舒正平等阐述了装备维修军民融合保障体系建设的思想和原则,设计了装备维修军民融合保障体系构成,提出了在装备维修军民融合保障体系建设中应重点把握的问题[71]。孙万等从分析军地一体化装备保障的动因和存在的问题入手,提出必须要在思想观念、法规制度、体制机制、两用标准、军地人才、军用技术和民用技术等方面实现融合,这样才能构建出完善的军地一体化装备保障体系[72]。

2.1.9 航材保障信息系统

随着武器装备的信息化发展和信息化条件下作战保障需要的拓展,世界各国普遍重视装备保障的信息化建设,以美国和俄罗斯为主的世界军事强国从保障的可视化、远程化、精确化等方面入手,已经建成了一些作战保障信息系统和技术保障信息系统。例如,全球战斗保障系统于20世纪90年代交付美军使用,它将补给供应源到需求地联成一体,可以在任何时间和全球任何地点查询、存储保障数据,并为战略、战役、战术各个层次的军事行动和后勤人员提供急需的紧缺资源可见性,包括生产和供应地、往返战区的运输途中以及战场紧缺物资器材的可见性,从而使后勤保障的效能和效率产生质的飞跃。又如,全资产可视化系统通过依托射频技术、定位技术、通信技术等,实现物资从生产到最终提供给用户的整个过程中的可视化,包括在储可视化、在运可视化、在处理(生产)可视化。该系统是美军"聚焦保障"作战原则的具体体现,能为后勤保障过程中的决策和管理人员提供全部资源位置、状态的准确信息，随时掌握人员、装备和物资器材补给的能力，从而提高后勤保障工作的整体效能。

目前，还没有文献针对大规模作战航材保障信息系统做过研究，但相关文献的研究成果对大规模作战航材保障信息系统的研究具有一定的借鉴价值。张育坤等提出了一种装备器材供应保障信息系统，主要由系统配置、基础数据、储存管理、供应管理、作业管理和系统日志管理等模块组成，解决了传统物资管理方式效率低、易出错等问题[73]。唐嵘等提出的装备供应保障信息系统可提供设备申报、入库操作、出库操作、备件申请、调拨、订购、查询和统计分析等功能，实现了气象物资装备保障的信息化、自动化、数据化管理[74]。李东等提出了一种战略装备器材保障信息系统，可将器材筹措、储存、供应、战时保障等环节连成一个闭环信息流，实现全军装备器材信息的全系统、全过程、全方位的管理，并为各级部门提供信息管理和服务以及辅助决策支持的功能；总部机关、军区机关、各级部队、仓库之间通过该系统可做到双向信息沟通[75]。袁晓芳等认为舰船装备技术保障信息化建设的发展趋势主要是维修保障指挥的自动化、维修保障活动及资源的可视化、维修保障手段的智能化等，其中，维修保障指挥的自动化要求能实现战区内的各军兵种联合维修保障等；维修保障活动及资源的可视化要求能实时地了解作战环境、装备状态、维修保障资源状态等信息，并利用这些信息对维修保障工作进行管理决策，以确保装备在正确的地点、正确的时间获得正确的维修保障；维修保障手段的智能化是通过专家指导的远程维修、交互式电子技术手册、故障检测与诊断自动化等技术的应用实现维修保障管理和信息收集处理的自动化，可以大大提高装备的维修保障管理效率[76]。周泽云等提出充分利用地方技术资源高精尖、研发快、适用性强的优势构建装备一体化维修保障信息系统，形成从供应源到需求地维修保障的无缝隙链接，为战场提供适时、适地、适量、适配的精确化保障，努力提高装备维修保障能力[77]。张宇飞等构建了一种基于物联网的装备调配保障信息系统，能够对装备调配相关信息进行自动感知、采集以及智能处理和分析，能高效地管理和控制装备调配保障过程及业务，实现可视化、精确化、智能化和协同化的装备调配保障[78]。姜文志等提出了一种舰船装备维修信息支持系统，可以将舰船修理申报审批、器材领取、工程验收、修理统计、故障诊断数据汇总等全部网络化并可以在装备维护工作中进行智能决策支持，在实现装备保障快捷化的同时充分体现网络手段的高效性；给出了辅助维修的决策支持模型以及知识库和推理机的设计[79]。王少聪等提出了一种陆军装备维修保障信息系统，首先建立了装备基础信息数据库（包括装备基础信息、装备修理、装备维护、区域装备常见故障、维修器材消耗、维修设备、装备性能缺陷、专家技术指导、专业人才储备等数据库),然后构建了系统框架,主要功能包括装备维修保障信息查询、专家远程技术指导、装备单装性能分析、装备综合情态分析、维修保障辅助决策、维修器材筹措与供应、设备建设等。其中,装备单装性能分析模块按照装备全系统、全寿命管理要求,区分维修保障各个环节,对单型装备在不同地域、不同时间的使用管理和维修保障信息、维修器材配备等进行综合分析,提出针对性的解决方案;装备综合情态分析模块主要是对维修保障装备、维修设备器材、维修保障力量等相关要素进行分析,形成综合态势图,实现对影响装备维修保障能力建设的诸要素实时监管,为发现和解决装备维修保障存在的矛盾问题提供数据参考[80]。

武器装备的保障包括使用保障和维修保障,两种保障类型都有较高的保障要求,主要是应对保障资源的储存调用流程进行完善,做到精确保障,以最快实现装备技术状态的恢复。对此,刘功龙等认为保障信息集成是实现信息化战争环境下物资器材精确保障、装备维修快速保障的关键[81]。代冬升等为有效解决装备保障信息系统分散、标准不统一、难以有效集成的问题,提出了装备保障信息系统集成策略,阐述了系统集成框架,主要包括业务系统、交换环境、分布式数据存储及应用集成四部分[82]。李文俊等提出把各军兵种、各业务部门分别建设的新老系统集成为一个有机整体,搞好系统的综合集成,保证各系统之间信息"无缝隙"流通,以充分发挥整个系统的综合效能;阐述了装备保障管理信息系统集成框架,从逻辑上将整个系统分成数据层、交换层、综合层和用户层四层[83]。

2.2 战时航材保障相关研究

2.2.1 战时航材品种确定方法

战时航材品种确定方法的研究比较少。闫红伟等着眼于战时特点,阐述了准确确定战时装备维修备件需求的重要性,对我军在确定战时装备维修备件需求方面存在的不足进行了分析[84]。该文献所提出的方法可以筛选出作战容易损伤、故障率较高的外场可更换单元和内场可更换单元进行重点保障。需要注意的是,战时需供应哪些航材,应将快速更换故障件以确保飞机战斗力完好为第一原则,所以应该大量储备外场更换件;另外,由于经费有限,更便宜的内场可更换单元也需要储备,因为内场可更换单元价格较低,这样能够以更少的经费修复外场可更换单元,可以一定程度地减少经费负担。

2.2.2 战时航材需求预测

胡一繁认为良好的备件保障对提高飞机在战争中的可用性、增强飞机的持续出动能力起着至关重要的作用;提出战伤备件保障就是通过快速供应充足的备件,以换件修理、换件排故来赢得时间,保证飞机的快速出动和高强度出动;研究了飞机战伤备件类型、飞机部件战伤概率的计算方法,建立了飞机备件需求模型[85]。该文献所提出的部件战伤概率指飞机生存且部件战伤的概率,不包括战损飞机的部件受伤概率,它由飞机和威胁的具体遭遇情况以及飞机本身结构决定。即使相同的部件,由于与威胁遭遇条件不同或者由于部件的遮挡关系不同,战伤概率也不相同。常文兵等阐述了战时备件需求的构成要素,从自然消耗、作战损伤两方面分析了战时备件需求的影响因素,介绍了几个实用的计算模型[86]。周仁斌等确定了战时备件需求评价指标体系,建立了战时备件需求的多层次灰色预测模型[87]。吴晓辉根据给定备件保障率,建立了备件申请时机和申请量模型[88]。孙胜祥等阐述了战场抢修条件下备件需求的特点,建立了备件战时存储费用需求预测模型[89]。郭会军等依据目前我军的维修保障机制和运行过程,对战时装备维修过程进行了分析,建立了战时备件需求的仿真模型[90]。康建设等分析了战时典型的装备维修备件保障系统的结构和运行规律,证明了备件保障度与战时装备的战备件完好性直接相关,并以满足战时备件保障度为目标,建立了单不修复部件和多不修复部件的备件携运行量模型[91]。闫小拽等构建了战时航空装备备件需求评价指标体系,运用多层次灰色预测模型预测了战时航空装备备件需求率,并以此为依据建立了航空装备备件保障度模型[92]。李文元等以通信装备的战备完好性和备件费用作为两个互相制约的因素建立了战时随装携行备件优化模型,并给出了利用遗传算法进行求解的思路[93]。刘喜春等建立了典型三级备件供应保障结构下的战时备件供应保障规划模型,模型中采用阶段期望缺货数作为备件供应保障系统的性能参数,假设供应渠道中备件数量服从泊松分布,依据帕尔姆定理给出了期望缺货数的计算公式[94]。朱延平等针对战时作战单元对备件需求的不确定性,在确定性规划模型基础上提出了战时备件供应保障系统的机会约束规划模型,并给出了采用随机模拟的遗传算法求解模型的步骤[95]。吴晓辉对备件保障率进行了分析,将备件运行量优化问题理解为特殊的二级备件保障问题,建立了基于随装备件的运行备件保障率模型[96]。

2.2.3 战时航材重要度评定

现有关于战时航材重要度评估的文献比较少,但有一定的参考价值。赵纳新等分析了影响备件重要度的因素,提出从关键性、耗损性及易换性确定评价因素集,并按照评判集的确定、二级因素集的一级评判、一级因素的二级评判三个步骤,建立了战时装备维修备件重要度二级模糊综合评价模型[97]。在战时人、财、物资源有限情况下,该模型可以针对不同作战想定对备件按重要度进行分级排序。

2.2.4 战时航材保障能力评估与建设

李守惠等阐述了战时航材保障的主要特点,包括参战机种多、技术保障要求高、机动保障难度大、持续保障时间长;分析了战时航材保障存在的问题,主要包括器材持续保障能力不足,器材筹供方式不能满足战时航材需要,物资前送量大、后续运送能力薄弱,航材专业性强、保障人员综合素质较低;提出了加强战时航材保障的对策,既强调了管理方法与手段的运用,也强调了科学确定储备标准的必要性[98]。战时航材管理方法与手段包括加强保障方法研究、摸清搞准消耗规律、加快配套设施建设、注重战时组织指挥,建立航材筹供网络、提高运输供应效率,加快保障队伍建设、提高人员总体素质。科学确定战时航材储备需要开展的工作包括:一要根据航空兵部队的作战任务和部署情况,结合作战需求,在深入研究、充分论证的基础上,制定切合实际的航材消耗和储备限额标准;二要以保证航材供应为前提,根据参战机型及作战任务的需要确定储备品种,优化航材储备结构,以满足多机种航材保障的需要;三要依据未来战争规模,按照突出重点、靠前配置的储备原则,加大一线地区航材储备量,以确保供应不间断。何志德等阐述了备件保障在武器装备作战中的重要地位,提出了战时备件保障的评估指标,建立了战时备件保障能力评估模型[99]。王铁宁等建立了一套战时器材资源点保障能力的评估指标体系,分析了其权集的确定和量化过程,应用加权平均法完成保障能力的计算,实现了对战时器材资源点保障能力的评估[100]。隋志刚等阐述了空军现行战时机动空运转场携行标准存在的问题(包括标准不规范、随意性大以及科学性差),提出了战时机动空运转场携行标准的编制应综合考虑机群规模、作战任务、作战时限、前线机场物资预置现状、转场各梯队担负的任务等因素[101]。唐晋等就高技术条件下装备器材保障的新要求、存在的主要问题以及保障对策等问题进行了深入系统地探讨[102]。傅光仪等分析了目前航材保障存在的问题,提出了加强航材保障能力的对策,并强调装备保障系统提供航材的种类和数量决定着各种飞机在整个战区的实际作战能力,而航材保障在很大程度上决定着战争胜负[103]。杜加刚等以供应链管理的基本原则为基础,深入探讨了联合作战中航材保障的重点问题[104]。张登滨等提出了航材保障储运信息可视化、指挥控制自动化和军民融合一体化的对策[105]。林泉洪等针对航材仓库存在的布局不合理、机械化手段少等问题,提出了采取多种保障方式、建立航材保障网等仓库建设的对策[106]。

2.2.5 战时航材配送

张立峰等认为战时备件配送的车辆调度是提高装备保障效率的关键因素,然后以装备战斗效能损失最小化为车辆调度的目标,建立了数学模型并用遗传算法求解[107]。王路路等针对战时通信装备备件抢修,建立了战时通信装备备件多目标优化配送数学模型并用蚁群算法求解[108]。赵方庚等以装备效能损失最小化为车辆调度的目标,建立了多仓库车辆路径问题(MDVRPTW)模型并用蚁群算法求解[109]。王科等分析了战时航材应急需求的特点,提出了战时航材紧急调运中需求度的概念,建立了战时航材紧急调运应急需求度的评价指标体系,利用模糊综合评判法确定了战时航材紧急调运需求度评价模型和算法[110]。

2.2.6 战场航材抢修

文韬等阐述了应急作战条件下战场抢修组织体系[111],对大规模作战航材战场抢修保障研究具有较高的借鉴意义。陈希林等从战场抢修基础设施建设、战场抢修理论、战伤评估系统建设及战场抢修工具和备件管理等方面对战场抢修研究现状进行了评价,并从抢修过程组织管理的改进、优化战场抢修内容、优化战时资源配置等方面阐述了战场抢修的发展趋势[112]。付致伟等提出应建立军民联合的战场抢修体系,科学编组抢修力量,还要注意培养战场抢修人才[113]。李执力等阐述了美军战场抢修理论现状、战场抢修体制[114]。王建胜等认为高效的战时维修保障架构是提升战场抢修能力的物质基础、超前的装备维修训练是积聚战场抢修能力的有效途径,对我军战场抢修能力建设提出了研发在先、提升跟进、加速培养的应对策略及发展建议[115]。黄卓等阐释了装备抢修的概念,归纳了战时装备维修保障的主要特点,分析了提高战场装备战场抢修能力的途径[116]。

2.3 大规模作战航材保障相关研究

2.3.1 大规模作战装备保障与仿真

薛元飞等分析了大规模作战装备的保障任务特点、保障能力及其建设途径,提出了大规模作战装备保障应具备指挥协调、物资筹供、维修保障和安全防卫四种能力[117]。其中,关于物资筹供与维修保障两种能力的分析及建设措施对本书有一定的借鉴价值。张宏飞等认为充足的后勤保障是大规模作战的重要依仗[118]。龚立等对大规模作战仿真数据、平台关键技术进行了研究[119-120]。

2.3.2 大规模作战军地一体化保障

张健等面向大规模作战海上民用运输船舶动员与运用需求,阐述了海上民用运输船舶在大规模作战中的地位作用,概括了动员要求,梳理了动员实施流程,明确了海上民用运输船舶运用的方式方法,并提出了提升海上民用运输船舶动员与运用能力的对策[121]。贾晓炜阐述了大规模作战背景下的联合训练特点,分析了大规模作战联合保障难点,提出了解决联合训练保障问题的途径,明确了大规模作战军地联合保障应遵循的指导原则[122]。张锦等主要针对大规模作战所需的车辆配送路径优化问题进行了研究[123]。

2.3.3 大规模作战后勤保障

周建民等认为未来大规模作战强度高、消耗大,必须根据需求搞好储备,形成布局合理、措施配套的供给体系,并提出应大力加强信息化和交通战备建设[124]。蒋华等对大规模作战涉及的油料保障、后送伤员飞机需求、财务保障等问题进行了研究[125-128]。

2.4 大规模作战航材保障问题分析

国内外在航材需求预测、库存优化、航材订货、战场抢修、军地一体化保障、航材保障信息系统等方面已有很多研究成果,但是在大规模作战航材保障方面的研究很少、系统性不强,不能为大规模作战航材保障提供直接有效的理论支撑。下面主要从航材需求预测与储备决策存在问题、航材战场抢修保障存在问题、航材保障模式存在问题、航材保障信息系统存在问题四个方面说明大规模作战航材保障及相关研究存在问题。

2.4.1 航材需求预测与储备决策存在问题

现有文献没有对大规模作战航材需求进行针对性、系统性地研究,考虑的因素不全面。实际上,大规模作战需要围绕特定的作战时限,既要考虑因到寿和故障导致消耗的因素,还要考虑作战损伤消耗的因素。如果一些主要因素考虑不全,势必导致需求预测不准,进而影响大规模作战储供决策的合理性。

目前国内外研究在器材需求的统计分布方面缺乏实证分析,仅依靠定性分析来提出分布假设,导致现有文献所提出的分布假设比较杂乱,甚至有互不一致的情况,这会影响大规模作战航材需求预测与储备模型的准确性。另外,由于航空装备更新换代速度比较快、信息管理不太规范,导致数据样本容量较小、数据统计质量不太高,所以航材消耗规律难以掌握,这对开展航材需求的分布检验研究也有一定的影响。在平时对不同器材需求分布进行实证研究是一项极有必要开展的基础性工作,对准确制订大规模作战航材储备标准具有重要意义。

现有文献没有系统分析大规模作战的任务特点以及该任务条件下的航材消耗特点,没有针对大规模作战任务特点和航材保障需求研究过大规模作战航材品种筛选方法,没有针对大规模作战航材消耗规律进行系统分析并提出大规模作战航材需求预测和储备模型,很多关于战时航材需求预测和库存优化的文献没有在模型中考虑修理周期的影响,相关战时航材需求与储备测算模型缺乏仿真验证,等等。以上问题不能满足大规模作战航材需求预测与储备决策的需要。

2.4.2 航材战场抢修保障存在问题

对于大规模作战航材战场抢修问题,没有文献做过专门研究。当前航材保障没有根据大规模作战任务特点,按照突出重点、靠前配置的储备原则加大沿海综合保障基地、海外基地储备,而且配套的仓库、工装等设施设备建设滞后。因此,现有的保障条件不能满足大规模作战战场抢修航材及时供应的要求。

现有文献对于战场抢修理论有过一些研究,但是缺乏实践检验,战场抢修组织机构的成立、战场抢修力量的建设、战场抢修训练与演习的组织实施等等都需要在实践中进行逐步完善。美军不仅在战场抢修理论方面不断创新发展,而且具有丰富的战场抢修经验,最重要的是美军十分重视平战结合,在平时就同时开展战场抢修的理论研究和保障力量的建设,这些对我军开展大规模作战战场抢修保障具有极高的参考价值。

2.4.3 航材保障模式存在问题

军队专职保障是只采用军队建制保障力量来进行装备保障工作。目前,军内航材保障模式是比较单一的,难以满足大规模作战航材保障的需要。现有文献提出了各种保障模式,但是在大规模作战航材保障模式及其力量建设、运用方面缺乏系统性研究。

军队专职保障已经呈现出一定的弊端,但军地一体化保障机制还不够健全。现代战争装备保障任务日益繁重,军队专职保障弊端日益突出。我军已意识到这个问题,开始学习借鉴外军在装备保障社会化方面所取得成就,并着手应对之策研究,初步形成了军民联合保障的构想,逐步实现"军队专职保障"向"军民一体化保障"模式的转变。但是,目前军地一体化保障受到的重视不够,且保障模式及运行机制也并未系统研究,迫切需要加强探索、加大实施力度,以尽快促进"军队专职保障"向"军民一体化保障"的转变。

2.4.4 航材保障信息系统存在问题

航材保障信息系统是任何一种航材保障模式都需要的信息化平台。目前,现有的航材保障信息系统繁多、系统之间的集成度差、信息的利用率低,有关大规模作战航材物联网仓储系统、基于供应链网络的航材管理信息系统以及航材业务决策支持系统的研究比较缺乏,也没有文献进行过能满足大规模作战航空装备维修与使用保障需要的航材保障信息系统综合集成平台的探索。总体上来说,当前的航材保障信息化水平较低,同时现有的相关研究缺乏针对性、系统性,难以满足大规模作战航材保障的需要。为此,本书拟根据决策支持理论、供应链理论、信息技术、物联网技术等相关理论和技术,围绕大规模作战需要,重点开展航材物联网仓储系统、航材供应链管理信息系统、航材业务决策支持系统以及航材保障信息系统综合集成平台等各种航材保障信息系统的研究与探索。

第3章
大规模作战航材需求预测和储备决策

大规模作战航材的消耗规律比平时更加复杂,其消耗的不确定性更加明显,除了要考虑执行作战任务产生的正常消耗以外,还要考虑战伤等因素对航材需求的影响。如何根据这些因素建立大规模作战航材的需求预测及储备模型,再运用这些模型制订大规模作战航材储备标准,为大规模作战航材筹措和储备决策提供标准依据,是大规模作战航材保障理论与方法研究的一个难点。因为缺乏大规模作战航材消耗数据样本,只能根据平时的故障情况、战时的任务特点等因素对大规模航材需求和储备进行预测,但结果的准确性还需要进行评估和验证,以确保模型科学合理并兼具一定的实用性。

本章首先阐述了大规模作战航材品种筛选方法,然后深入分析了大规模作战航材需求影响因素,提出了大规模作战可用飞机数量预测模型、大规模作战航材需求预测模型、大规模作战航材储备模型以及基于蒙特卡罗算法的大规模作战航材需求仿真模型,最优采用Opus10软件对大规模作战航材储备标准进行了评估和仿真验证。

3.1 大规模作战航材品种筛选方法

精确航材保障是大规模作战航空装备持续保持战斗力的重要保证,因此在有限保障经费下合理精简航材品种是非常必要的。这就要求确定大规模作战需要哪些航材品种,也就是要研究大规模作战航材品种的筛选方法。航材品种的筛选比较常用的方法是 ABC 分类法和属性分析法,下面分别进行详细介绍。

3.1.1 基于 ABC 分类法的航材分类方法

ABC 分类法也称为巴雷托分类法,是根据管理对象在技术、经济方面的独立或综合的特征以及重要性的不同对事物进行分类的方法。ABC 分类法的核心思想是对管理对象分清主次，有区别地确定管理方式，从而提高管理效益。ABC 分类管理法的实质就是抓住重点，兼顾一般。

ABC 管理法经常用于库存控制。一般来说，A 类物资品种只占全部库存物资的 5%~15%，资金占用 60%~80%；B 类物资品种占 20%~30%，资金占用也大致在 20%~30%；C 类物资品种占 60%~80%，资金占用却只有 5%~15%。对物资运用 ABC 分类法有利于压缩库存量、减少被占资金、使储备结构合理、节约管理力量。

ABC 分类管理法在航材管理工作中得到了普遍应用。部队所需要的航材种类很多，而航材的重要程度、消耗数量、价值大小、占用资金多少均各有不同。只有运用 ABC 分类法对关键航材实行重点控制和重点管理，才能达到有效管理的要求，提高航材储备效益。

运用 ABC 分类法对储备航材进行分类时，一般根据单价高低、重要程度、消耗量大小、采购难度、占品种的比例、占资金的比例等因素进行分类，具体方法如表 3.1 所列。

表 3.1 ABC 分类管理法

航材类别	航材特点及占全部品种比例	占资金额比例	管理方式
A	(1) 价格高 (2) 重要性大 (3) 采购困难 (4) 研制周期长 (5) 5%~15%	60%~80%	(1) 重点管理 (2) 严格控制库存限额 (3) 优先采购
B	(1) 一般价格 (2) 中等消耗量 (3) 采购难度不大 (4) 20%~30%	20%~30%	(1) 一般管理 (2) 按需采购
C	(1) 价格低 (2) 消耗量小 (3) 容易采购 (4) 60%~80%	5%~15%	(1) 简便管理 (2) 临时采购或零库存

由于大规模作战任务强度明显高于平时，而且存在作战损伤消耗，其航材品种与平时有所区别，但是总体上是基本一致的。需要注意的是，在运用

ABC 分类法确定大规模作战储备航材品种时,"消耗量大小"这个因素要将作战损伤消耗考虑进去。

3.1.2 基于属性分析法的航材分类方法

粗糙集理论是 Z. Pawlak 等研究软计算问题时提出的,其主要思想是在保持信息系统分类能力不变前提下,通过属性或属性值约简获取分类规则或者决策规则。粗糙集理论在处理含噪声、不精确、不完整的信息方面具有比较强大的功能。本书考虑借鉴该理论采用属性对数据进行分类的基本思想来筛选大规模作战航材品种。

属性的重要性反映了其对数据的分类能力,属性越重要其分类能力越强。常用的航材属性按重要程度由高到低的顺序依次为重要性、可更换性、筹措难度、消耗性和经济性,下面逐一进行详细说明。

1) 重要性

战时修理并不要求将装备恢复全部的功能,而是要求在短时间内恢复其任务剖面的某一个有用功能。航材品种的筛选应考虑所选航材品种在把装备恢复其任务剖面内应具备的基本功能的重要程度。重要性就是指储备的航材品种在装备系统中所起的作用以及对装备系统性能的影响程度,另外也与装备在作战中的地位和用途有关。一般来说,航材越重要就越有必要储备。

2) 可更换性

可更换性是指一定的维修级别可以拆装更换的特性,决定了在指定的维修级别使用某种航材排除装备故障的可能性。可更换性与维修时能够更换的单元级别(如外场可更换单元、内场可更换单元等)有关。一般情况下,备件单元越小可更换性就越差。可更换性与维修能力也有关,维修级别不同其维修任务和维修深度有所区别。如大修是基地级维修,中修、小修是部队级维修,同一种胶圈在大修时可更换性好,但在中小修时的可更换性则较差。对于不能更换但又确有必要储备的航材品种,可以储备其上一级的品种。

3) 筹措难度

航材的筹措难度是指获得航材的难易程度,通常与航材本身的生产工艺、复杂程度、生产厂所在国家等有关,筹措难度越大的航材品种就越有必要储备。标准件等能在市场采购,筹措难度低,作为平时使用的周转航材就已经有了一定量的储备,对大规模作战来说,没有必要另外再筹措。对于工厂没有存货的非市购航材筹措难度比较大;部分航材的生产工艺有特殊要求,一般需按订单生产且生产周期长,筹措难度也比较大;进口航材受国际关系的影响,战时可能无法采购,筹措难度更大。以上航材均应提前筹措、重点储备。

4) 消耗性

消耗性是指航材失效可能性的大小或在规划的保障期内消耗的多少,其中消耗件是一次性消耗,可修的故障件可以修复再次使用。实际使用过程中,消耗性不仅与航材本身的固有可靠性有关,还与使用环境、操作人员以及维修管理人员的技术水平等有关。战场环境条件的复杂性、战时影响因素的多样性会导致不同环境条件、不同影响因素下航材的作战消耗存在很大的差别,恶劣的作战环境会增加航材的消耗,一些平时根本不失效的航材,战时也可能会受到损伤。消耗可能性越大的航材越有必要储备。

5) 经济性

经济性是指成本的大小,是储备所需要的购置单价、储存费用等各项费用之和。越贵重的航材品种,不仅购置单价高,储存费用也往往较高,越应该慎重考虑是否储备。但是,航材的军事价值突出,对于十分重要的备件,即使特别昂贵,也应适当储备。

属性分析法是先根据某一个属性将考察的航材品种分为必须储备的、不必储备的和不确定储备的三类;其中,不确定储备的航材可以再用下一个属性将其分为必须储备的、不必储备的和不确定储备三种类型。如此操作,按属性逐项对航材进行分类,一步步将必须储备的、不必储备的品种分开。

航材周转标准、航材战储标准与大规模作战航材储备标准所包含的航材均可以利用粗糙集理论的属性分析法来确定。但是,上述三种标准所包含航材的范围有所区别,对此应注意区分。其中,周转标准航材主要以飞机器材中的附成件、分组件为主,不包含成套器材、标准件、发动机、副油箱、伞具、四站器材、工具、仪器、设备等;与周转标准航材相比,战储标准航材则以成套器材为主,不包含橡胶件、标准件、发动机、副油箱、伞具、四站器材、工具、仪器、设备。战时既要用周转器材,也要用战储器材,所以大规模作战储备标准航材应包括上述两种标准的航材。

不同标准航材的范围界定以后,并不表示该范围内的航材都需要储备,还应该根据属性进一步确定应储备的航材品种,排除不需储备的航材品种。对不需储备的航材不再进行采购,从而可以有效避免航材积压和经费浪费。周转标准、战储标准与大规模作战储备标准航材品种的筛选方法基本相同,但也有不同之处。为便于更好地理解、掌握大规模作战储备标准航材品种的筛选方法,本书重点运用属性分析法对周转标准、战储标准与大规模作战储备标准航材品种的筛选方法进行比较研究。

1. 周转标准航材品种筛选方法

作者在研究了大量国内外相关研究成果,结合周转标准突出重点航材的要求,根据重要程度依次提出以下6个航材品种筛选要求:

(1) 对任务剖面内基本功能完成影响越大的越重要,越需要储备。
(2) 外场能更换的才可储备,不能更换的不需要储备。
(3) 有寿命控制要求的航材必须储备。
(4) 筹措难度越大(尤其是进口、供货和修理周期较长的情况),越需要储备。
(5) 有消耗的必须储备,但需要排除加改装等非正常消耗的情况。
(6) 对于无消耗但容易损坏的航材,价格低的比价格高的更需要储备;对于其中价格较高的航材,如果其军事价值突出,在经费允许的条件下也可储备。

根据以上要求,本书提出重要性、可更换性、是否控寿、筹措难度、消耗性和经济性6个航材属性并根据这六个属性进行航材分类。其中,重要性是指航材在装备系统中所起的作用以及对系统性能影响的大小;可更换性是指故障件在规定的维修级别可以拆装更换的特性,决定了在指定的维修级别通过更换备件排除装备故障的可能性;是否控寿是指航材是否有明确的寿命控制要求,如果有明确的寿命控制要求则到寿必须更换;筹措难度是指获得航材的难易程度,如标准件可以市购,筹措难度就低,而工厂没有存货的生产周期长的航材和进口航材要提前较长一段时间订货,筹措难度就高;消耗性是指规定保障期内航材消耗多少或者航材失效可能性的大小;经济性是指成本的大小,是储备所需要的各项费用之和,价格昂贵的航材不仅购置经费高,库存成本也往往较高,越应该慎重考虑是否储备。根据以上分析,按照属性的重要程度排序,上述6个属性从高到低依次为重要性、可更换性、是否控寿、筹措难度、消耗性和经济性。

本书按照属性的重要程度从高到低的顺序,依次对航材逐项进行分析,最终筛选出周转标准航材品种,其逻辑决断过程如图3.1所示,具体步骤如下。

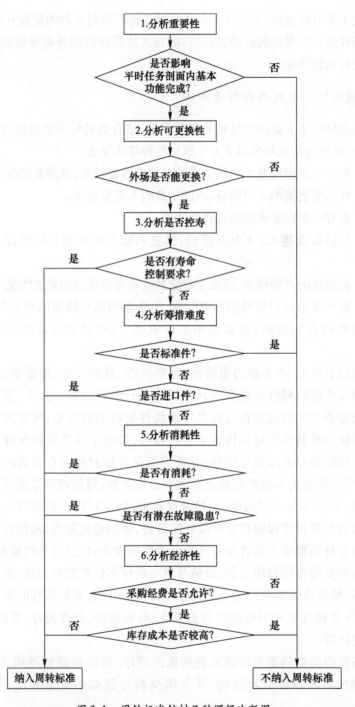

图 3.1 周转标准航材品种逻辑决断图

（1）分析重要性：根据是否影响任务剖面内基本功能的完成来区分，如果不影响任务剖面内基本功能完成则不储备，否则需要继续分析下一属性。

（2）分析可更换性：根据外场维修能力，按照外场是否能更换来区分，如果不能更换则不储备，否则需要继续分析下一属性。

（3）分析是否控寿：按照是否有明确的寿命控制要求区分，如果有明确的寿命控制要求则必须储备，否则需要继续分析下一属性。

（4）分析筹措难度：按照是否是标准件、进口件区分，如果是标准件则不储备，进口件则储备，其他情况则需要继续分析下一属性。

（5）分析消耗性：根据航材消耗情况和失效可能性，按照是否有消耗、容易损坏区分，其中有消耗则储备，无消耗、不易损坏则不储备，其他情况则需要继续分析下一属性。

（6）分析经济性：根据航材购置费用、储存费用等，按照是否成本较高区分，在经费有限的条件下，如果成本较高则不储备，否则应储备。

根据周转标准航材范围的界定原则，利用周转标准航材品种的逻辑决断过程逐步判断，即可确定周转标准航材的品种。

下面以典型航材为例来说明如何运用属性分析法确定周转标准航材品种，具体分析过程如表3.2所列。

2. 战储标准航材品种筛选方法

战储标准与周转标准的航材品种有所不同，主要区别如下。

（1）周转标准以飞机附（成）件为主，成套系统仅考虑有消耗或有潜在故障隐患的组件，战储标准则以成套系统为主。

（2）周转标准应包括轮胎、软管等橡胶件，战储标准则不包括这些储存周期短的航材，原因是到期必须报废，库存成本太高。

（3）周转标准一般不包括成套系统（平时一般只更换有故障的组件，不会更换整套系统），只包括消耗过或者有潜在故障隐患的组件。而战储标准则从尽可能确保装备战斗力不受航材缺件影响的角度出发考虑，要求航材品种尽量全，因而以成套系统为主；成套系统中故障率高的分组件可以单列。

（4）周转标准主要考虑平时易损件，战储标准主要考虑生产周期长的易损件。

（5）周转标准必须考虑到寿问题，战储标准不用考虑到寿因素。

在筛选战储标准航材品种时应注意战储标准与周转标准航材品种的上述差异。战储标准航材品种筛选的逻辑决断过程如图3.2所示。

表 3.2 周转标准航材品种的逻辑决断分析过程

逻辑决断分析过程	典型航材									
	减速板	起落架	动盘	轮胎	拉杆	液压泵	无线电罗盘	专用螺栓	铆钉	飞机盖布
1. 分析重要性										
是否影响任务剖面内基本功能完成?	是	是	是	是	是	是	是	是	是	否
2. 分析可更换性										
外场是否能更换?	是	是	是	是	是	是	是	是	是	
3. 分析是否控寿										
是否有寿命控制要求?	否	是	否	是	否	是	否	否	否	
4. 分析筹措难度										
(1) 是否标准件?	否		否		否			否	否	
(2) 是否进口件?	否		否		否	是				
5. 分析消耗性										
(1) 是否有消耗?	否		是		否			否		
(2) 是否有潜在故障隐患?	否				否			是		
6. 分析经济性										
(1) 采购经费是否允许?	是				是					
(2) 库存成本是否较高?	是				是					
结论:是否储备?	否	是	是	是	否	是	是	是	否	否

3. 大规模作战所需航材品种筛选方法

确定大规模作战需要储备的航材品种时,可以参考周转标准和战储标准航材品种的筛选方法,兼顾作战损伤等因素。大规模作战储备航材的范围涵盖周转标准、战储标准的航材品种,除此之外,还应包括航空发动机、副油箱、标准件等作战所需的航材,可以说凡是作战所需基本都要储备。需要注意的是,为确保各种作战任务的顺利完成,应尽量确保任务系统全套储备,以避免战时一旦缺件整个任务系统都无法正常工作的情况发生,这一点与战储标准航材范围界定原则相同。另外,与战储标准一样,大规模作战航材储备标准也不考虑到寿因素,但需在战前根据装机剩余寿命预测到寿数并及时筹措到位。

大规模作战储备标准航材品种筛选的逻辑决断过程如图 3.3 所示。

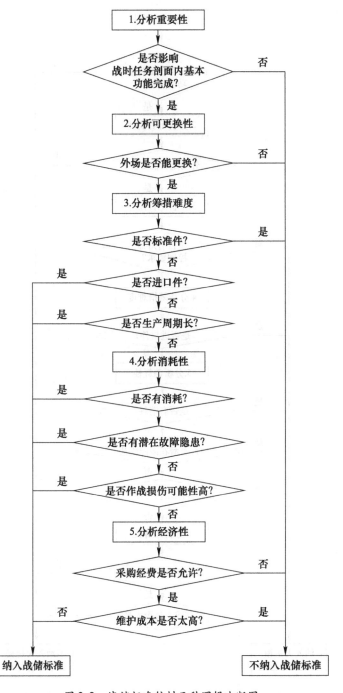

图 3.2 战储标准航材品种逻辑决断图

027

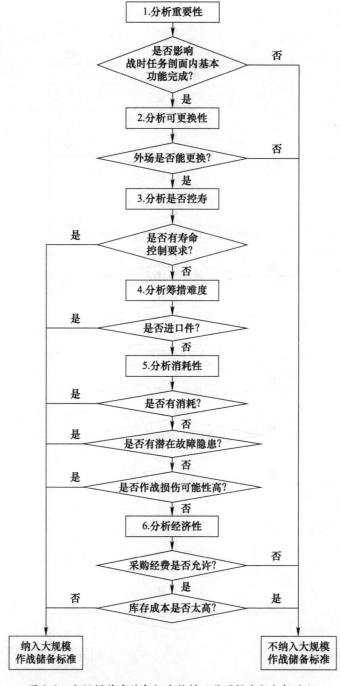

图 3.3 大规模作战储备标准航材品种逻辑决断分析过程

3.2 大规模作战航材需求影响因素

3.2.1 基于消耗规律的航材分类

1. 按消耗规律分为四类航材

航材一般分为消耗件、可修件、有寿件三类,但是这种分类有重叠。例如,消耗件和可修件中都包括有寿和无寿两类,有寿件中包括消耗和可修两类。因此这种分类方法不利于对航材消耗规律的分析。

实际上,航材的消耗规律与有无寿命、可不可修密切相关,有寿航材与无寿航材的消耗规律不同,可修航材与不可修航材的消耗规律不同。因此,作者将有寿和无寿、可修和不可修两对因素进行组合,把航材分为有寿可修、无寿可修、有寿消耗和纯消耗(即无寿消耗)四类。

以上四类囊括了所有航材,而且它们之间没有交集,这样就可以把消耗规律不同的航材区分开了。因此,这种分类方法非常有利于对各类航材消耗影响因素的研究。

2. 按消耗规律区分的四类航材的含义

有寿可修、无寿可修、有寿消耗和纯消耗四类航材的含义如下:

(1) 有寿可修航材:是指有明确寿命期限并可以反复修理使用的航材。该类航材规定了最大的使用寿命,航材到了规定寿命必须进行返厂修理,但该类航材在使用过程中还可能未到规定寿命而发生故障,修理后即为堪用品。

(2) 无寿可修航材:是指没有明确寿命期限,可以反复修理使用的航材。

(3) 有寿消耗航材:是指有明确寿命期限但不可以修理、到寿即报废的航材。该类航材规定了最大的使用寿命,也有可能未到规定寿命提前损坏,损坏即报废。

(4) 纯消耗航材:是指没有明确寿命期限,不可以修理或无修理价值,发生故障即报废的航材。

3. 四类航材需求的影响因素

航材的需求不仅要考虑航材消耗的影响因素,还要考虑航材周转的影响因素。下面对有寿可修、无寿可修、有寿消耗和纯消耗四类航材需求的影响因素进行详细分析。

(1) 有寿可修航材的需求与故障率、规定寿命、规定修理次数、总寿命等寿命因素，修理周期、到寿修理、故障修理等修理因素，以及供货周期等订货因素相关。

(2) 无寿可修航材的需求与故障率、修理和订货因素相关，而与寿命因素无关。

(3) 有寿消耗航材的需求与故障率、寿命和订货因素相关，而与修理因素无关。

(4) 纯消耗航材的需求与故障率和订货因素相关，而与寿命和修理因素无关。

大规模作战期间所需航材，一般要求在战前就应基本筹措到位。在大规模作战期间，作战机群一旦发生缺件，那么紧急补给主要依赖的是现有储备；而当现有储备不能满足时，可以通过紧急求援、调拨、串件等手段解决该问题。根据以上分析，对大规模作战航材需求进行建模定量测算时，不需要考虑供货周期。

4. 不同航材的典型使用管理特性

1) 有寿可修航材的使用管理特性

(1) 到规定寿命，必须更换修理；到寿具有批次性，需要提前预测，防止集中到寿、库存不足的情况发生。

(2) 未到规定寿命就发生故障，必须更换修理；故障主要是随机性故障，故障数离散程度较大的保障难度较大，离散程度小的容易保障。

(3) 有明确规定修理次数的，最后一次修复后再到寿或者发生故障的必须报废。

(4) 无明确规定修理次数的，可以多次修理但报废时间不确定，以工厂意见为准。

(5) 堪用品和新品的规定寿命可能不相同。

(6) 一般价格较高，存储量不大。

2) 无寿可修航材的使用管理特性

(1) 发生的故障主要是随机故障，发生故障后应更换修理。

(2) 可多次修理，但报废时间不确定，以工厂意见为准。

(3) 一般价格较高，存储量不大。

3) 有寿消耗航材的使用管理特性

(1) 大部分因到寿更换，到寿即报废；到寿具有批次性，需要提前预测，防止集中到寿、库存不足的情况发生。

（2）少部分因故障更换,故障即报废;故障主要是耗损性故障(如轮胎),具有一定的确定性,比较容易保障。

（3）一般价格不高,存储量较大。

4）纯消耗航材的使用管理特性

（1）容易筹措,一般市场即可买到。

（2）消耗量较大,主要因定检和随机故障消耗,另外,也存在耗损故障消耗,如动盘、静盘等各种刹车盘(片)。

（3）一般价格较低,存储量较大。

3.2.2 平时航材需求的影响因素

1. 故障数或消耗数

航材的故障数或消耗数是测算各种航材筹措供应标准器材数量的最重要的依据。其中,故障数是指装机航材一年发生故障的数量,统计来源是机务大队质控室的故障数据,主要是成件;消耗数是指航材股的发付数,包含成件和零件。原则上,成件以故障数为准,零件以消耗数为准。另外,故障数或消耗数中应将加改装、现场排故等情况排除掉。

2. 修理周期和供货周期

修理周期是指航材从送修到返回所用时间,供货周期是指航材从申请订货到收货所用时间。修理周期越长,所需周转量越大,反之则所需周转量越少。同样,供货周期越长,所需周转量越大,反之所需周转量越少。一般来说,进口航材和少数关重件的供货周期和修理周期都比较长,其周转量的测算应重点考虑这两个因素的影响。

3. 年均(待)报废数

年均(待)报废数是每年平均因为无法修复或没有修理价值等原因而不可使用的数量。

4. 单机安装数

单机安装数是航材在一架飞机上装机使用的数量,是计算故障率的重要指标之一。

5. 装备实力

装备实力是指机群规模,也就是一个机型的飞机架数,是计算故障率的重要指标之一。一般来说,装备实力的大小,直接影响航材的消耗数量。装备数量越多,航材消耗越多;若装备数量少,航材消耗则相对较少。

6. 飞行任务量

飞行任务量对航材消耗的影响也很大,除了要考虑飞行时间,还要考虑起落次数。一般来说,飞行时间、起落次数与航材消耗之间存在正相关关系,即飞行时间、起落次数越多,航材消耗越多;反之,则消耗越少。

飞行时间包括两种情况:一是年度飞行时间;二是具体飞行训练科目的任务时间。飞行训练科目的任务时间反映的是相应任务系统航材的使用强度。但实际上,只要飞机有飞行任务,与飞行训练科目无关的航材依然会受到一定程度的影响,例如飞行过程中产生的振动、辐射、热量、高空环境、通电操作等都对机载设备器材的消耗产生一定的影响。因此,可以认为飞行训练科目的任务时间对航材消耗的影响一定程度上反映在了年度飞行时间中,建模时可采用年度飞行时间指标,不需要用飞行训练科目的任务时间指标。

7. 装备完好性要求

用于评估装备完好性的指标主要有航材保障良好率、飞机完好率。

航材保障良好率一般作为年度航材保障水平的评价依据,通常用"(良好总架日-因缺航材停飞架日)/飞机总架日"计算。一般要求航材保障良好率不能低于95%。

飞机完好率表示当要求装备投入作战训练时能够执行任务的概率,是检验航空装备作战能力的重要参数。通常用在编飞机中"完好飞机架数/飞机总架数"计算。一般要求飞机完好率在70%~80%之间。

8. 改装前后故障率变化

有些航材改装前故障率较高,改装后故障率变得很低。对于这种情况,改装前的消耗数据就不能再使用了,否则会造成消耗预测结果偏高。

9. 航材修复率

服役多年机型的机件老化严重,有很多航材故障,工厂无法修理或者不予修理,修复率较低。相比之下,新机型航材的修复率会高一些。

10. 质量与可靠性

关键重要航材、高价值航材是航材保障的重点,其质量与可靠性的高低直接影响航材消耗数量。据统计,约89%的航材故障基本都是随机故障。可靠性较低的航材在某一年突然大量故障的概率就比较大,故障数的离散程度较大,其保障难度比较高。

11. 装备工作环境

气候地理条件、飞机跑道维护水平等装备工作环境差的,航材故障较多。例如,南方沿海机场,一般高温、高湿、高盐,航材容易腐蚀,可靠性会降低,航材更换频率要比内陆地区高。再如,飞机跑道维护差的,轮胎等航材的消耗就比较大。

12. 飞行员飞行技能

若飞行员飞行技能较差,也会对航材的寿命造成一定的影响,主要对起落装置器材影响较大。

13. 机务维修水平

机务维修水平越高,人为误操作导致的故障越少;否则,机务维修水平越低,人为误操作导致的故障就越多。机务维修能力比较高时,很多故障可以通过现场排故方式消除,能有效减少航材消耗。

14. 现场排故与离位检查

现场排故没有造成航材消耗,原则上不应统计。离位检查是指一些航材需要拆卸或分解后进行检查。离位检查过程中,航材可能会发现故障,也可能没有故障,不论哪一种情况都会消耗一部分标准件或专用零件。

15. 其他因素

机务大队质控部门录入航材故障数据时一般手动输入航材名称、型号,每次输入的名称、型号可能有差异,导致故障数统计时会有一定的偏差。

另外,航母编队和两栖编队遂行远海战训任务时,舰载机航材需求的影响因素比陆基飞机复杂得多,如舰载机降落产生的振动、高温高湿高盐的气候环境等因素会导致编队舰载机航材故障比陆基飞机更加频发。而且很多舰载机服役时间较短,现有航材消耗样本有限,并不能完全反映其消耗规律。为此,需要持续性地跟踪研究舰载机航材的消耗规律,分析并掌握舰载机航材需求的影响因素,不断积累航材消耗数据、增大样本容量,为更准确地预测舰载机航材需求奠定更扎实的基础。

3.2.3 战时航材需求的影响因素

大规模作战航材需求预测和储备决策需要考虑的除了平时的影响因素,还有战时的影响因素,主要有以下几种。

1) 作战相关因素

(1) 预计战役持续时间、预计飞行任务量、预计飞机出动强度等。

(2) 参战机型、飞机架数等。

(3) 飞机完好率、飞机战损率等。

2) 装机使用相关因素

(1) 战时航材故障率。

战时故障率可根据平时故障率、战时任务强度来估算。

(2) 战时航材到寿。

战时航材到寿主要考虑航材的剩余使用寿命(包括飞行小时、起落次数、起动次数等)、剩余日历寿命。

战时航材到寿的处理方法是:不用像平时到寿那样必须送工厂检修,可以由修理厂或者工厂人员进行现场检修。如果没有故障则允许适当延寿,以确保较高的飞机可用率,保证作战任务的顺利完成。

3) 航材储备相关因素

根据战役大小、作战强度高低、持续时间长短等,设置航材储备上限和下限,并最大限度地提前筹措到位;同时,采用重点突出、靠前配置的储备原则,减少后方仓库库存,加大一线仓库的储备量,确保作战过程中消耗的航材能够得到及时而持续的供应。

4) 航材筹措相关因素

战时需要筹措哪些航材、筹措多少与部队航材战场抢修能力、工厂前置人员维修能力及其检测修理设备配备水平、工厂最大生产能力和承修厂最大修理能力等密切相关。影响航材筹措的因素主要包括:部队现场排故和战场抢修能力,部队大修厂、地方承修厂及其远程技术支援人员的修理能力,生产厂的生产能力,检测修理设备的先进水平,等等。

5) 航材运输相关因素

大规模作战过程中,影响航材运输的因素包括基层仓库与后方仓库、本土基地与海外基地、岸基基地与海上编队之间的运输方式、运输路线、运输工具、运输力量、运输时间等。

6）自然消耗和作战损伤累积概率要求

本书采用自然消耗累积概率、作战损伤累积概率来评估战时的备件级保障效能，其中自然消耗累积概率主要是指故障消耗的累积概率，到寿、定检等产生的消耗单独考虑。大规模作战任务强度要高于平时，确保航材供应得上、不影响战斗力是第一要务，所以自然消耗累积概率、作战损伤累积概率的目标水平取值非常重要，既要保证航材的保障效能达到战时保障要求，也不能把目标水平定得太高，一是经费难以保证，二是可能导致积压浪费。大规模作战期间航材的自然消耗累积概率、作战损伤累积概率可以在 90%~95% 范围内取值。

3.3 大规模作战可用飞机数量预测模型

大规模作战可用飞机数量的计算需要根据任务条件评估战时相关参数，再计算整个战役的飞机作战损伤、修复数量，同时适当考虑遭到空袭时装备的损伤情况，这样即可预测整个战役期间的飞机战伤、战损数量。根据飞机战伤、战损情况，就可以大致确定战役期间可参战机群的总体保有量，然后即可在此基础上进一步研究战役期间这些飞机的航材需求量。

3.3.1 假设条件

（1）因为是针对整个战役期间航材总需求进行研究，所以不用再考虑战役阶段的差异，而是只需要对战役期间飞机可用数量及其所需航材的总体情况进行预测。

（2）大规模作战过程中没有新增飞机。

（3）大规模作战过程中飞机战损、战伤时间平均分布在整个战役期间。

（4）大规模作战期间作战持续进行，作战期限为半年。

3.3.2 战役期间总体可用飞机数量预测模型

战役期间可用飞机数量预测的重点是弄清飞机战伤和战损数量。

设：飞机战伤数量为

$$N_S = N_Y \times p_1 \times p_2 \times \alpha \tag{3.1}$$

式中：N_S 为飞机战伤数量（架）；N_Y 为整个战役期间一个机型初始实有作战飞机数量（架）；p_1 为战斗出动率，是实际出动架数与参战飞机总架数的比率；p_2 为战斗出动强度（次/架·天），亦即日出动强度，是指一架飞机一昼夜能出动的次数；α 为飞机战伤率，也称为空中战伤率。

飞机战损数量为

$$N_K = N_Y \times p_1 \times p_2 \times \phi \tag{3.2}$$

式中：ϕ 为飞机战损率，也称为空中战损率；N_K 为飞机战损数量（架）。

鉴于战时装备使用和维修的复杂性、艰巨性，还要适当考虑飞机地面事故或故障造成的飞机地面损伤数以及空袭造成的地面损伤数，以及战伤飞机修复情况，也就是说要把修复数量纳入作战期间的飞机可用数量。则整个战役期间总体可用的飞机数量为

$$Z = N_Y - (N_S + N_r \times \beta) \times [\sigma \times (1 - p_{x1}) + (1 - \sigma) \times (1 - p_{x2})] - N_K - N_Y \times \varphi \tag{3.3}$$

式中：β 为地面损伤率，亦即事故或故障地面损伤率，是指由于地面事故、装备故障造成的地面飞机损伤；φ 为地面损失率，亦即空袭地面损失率，是指由于敌方空袭造成的地面飞机损失；σ 为就地抢修的战伤飞机的比例；$(1-\sigma)$ 为基地抢修的战伤飞机的比例；p_{x1} 为战伤飞机就地抢修的修复率；p_{x2} 为战伤飞机基地抢修的修复率；Z 为整个战役期间总体可用的飞机数量（架）。

上述模型在考虑战伤、战损、修复率的基础上，已经排除了战损、无法修复的飞机数，所以下一步计算大规模作战航材需求时应以整个战役期间总体可用的飞机数量为准。

以上计算过程只是针对一种机型战役期间总体可用飞机数量的计算。而大规模作战是多军兵种联合作战，参战机型很多。因此，每一种机型战役期间总体可用飞机数量均可以按上述模型进行计算，只是参数值可能有所区别。例如，战斗机、预警机、运输机等作战任务不同，战役期间的生存率是有很大区别的。因此，上述相关参数应根据不同机型的作战任务等情况进行取值。

3.3.3 计算参数取值

计算参数是一个可变化的参数区间，应根据作战任务需要、装备完好现状、敌人兵力强弱等，合理选择一个数值。

根据相关研究和现代战争特点,战伤飞机就地抢修的修复率可设置为50%,修复时间按3天计;战伤飞机基地抢修的修复率为10%,修复时间按30天计。其他作战相关参数取值如表3.3所列。这些参数的取值均为经验估计值,仅供读者参考。

表3.3 相关作战参数值

机型	战斗出动率/%	日出动强度/%	飞机战伤率/%	飞机战损率/%	地面损伤率/%	地面损失率/%
歼击机	75~85	20~30	5~15	30~40	0.02~0.04	5~10
轰炸机	85~95	5~10	15~30	10~20	0.04~0.08	2~5
预警机	85~95	2~3	1~1.5	1~2	0.01~0.02	1~3

3.4 大规模作战航材需求预测模型

大规模作战过程中,不同战役阶段飞机可用数量是动态变化的,航材的消耗也是在不断变化。但是,从航材保障的角度出发,鉴于战役持续时间仅有半年,在这么短的时间内将战役分阶段研究航材保障策略没有太大的意义,反而会使需求预测模型过于复杂。因此,本书假设大规模作战期间航材自然消耗与作战损伤平均分布于战役期间,以便于计算战役期间航材的总需求。

大规模作战航材的需求主要来源于三部分:一是到寿消耗;二是故障消耗;三是作战损伤。其中,到寿消耗与故障消耗均为自然消耗。因此,大规模作战航材需求预测需要建立到寿需求预测模型、故障需求预测模型、作战损伤需求预测模型三个预测模型。航材的到寿需求、故障需求和作战损伤需求的预测结果之和即为大规模作战期间航材的总需求量。

3.4.1 到寿需求预测模型

一般在进行大规模作战准备工作时,均应将各型飞机作战期间内到寿的航材提前更换。所以,在大规模作战前需要准确预测哪些航材会到寿,为到寿航材的筹措、供应工作提供依据。提前进行到寿预测有利于避免大规模作战期间航材突然批次大量到寿,在此情况下如果储备不足,必然会影响飞行任务的完成,而降低部队战斗力。

1. 有寿航材寿命指标

1) 保管期

保管期是在仓库中保管的期限,也称保管日历,是一种日历寿命。

2) 使用期

使用期是航材装机使用的期限,是使用寿命,包括使用小时、使用次数和使用日历三种。其中,使用次数包括起落次数、起动次数(如起动机)、收放次数(如吊放声纳电缆)、充放电次数(如蓄电池)等;使用日历也是日历寿命,是从装机使用开始计算。

3) 保管使用期

有些航材还规定了一种特殊的日历寿命指标——保管使用期,它既包含了保管期,也包含了使用期。例如,保管使用期为7年,其中保管期1年,使用期6年。对于保管使用期指标,不论保管期到寿还是使用期到寿都算到寿。

4) 总寿命和规定翻修次数

有些有寿可修航材还规定了总寿命。由于它可以多次翻修,每次修理后工厂规定下次翻修间隔期即规定寿命,所以需要通过剩余寿命和规定寿命来预测是否到寿。剩余总寿命是规定总寿命和使用总寿命之差,使用总寿命是历次修理已使用的寿命之和。有寿可修航材到总寿时必须报废。

另外,虽然有寿可修航材可以多次翻修,但不能无限次翻修,达到规定的修理次数后再发生故障或者到寿就必须报废;如果没有规定修理次数,那么在使用到一定程度而没有翻修价值时也需报废。因此,翻修次数也是需要注意控制的寿命指标。

2. 有寿航材需求预测模型

1) 假设条件

(1) 消耗原因是到寿更换。

(2) 有多个寿命控制指标的航材,预测到寿时以最早到寿的为准[129]。

(3) 战役持续时间为飞行任务时间。

(4) 战役过程中同一型飞机梯次作战,每架飞机飞行任务时间相同。

2) 模型建立

装机航材在战役期间的到寿数为

$$n_0'' = \sum_{i=1}^{bZ} \left(\prod_{j=1}^{4} \left[\frac{t_{rw_j} - t_{sy_{ij}}}{t_{gd_{ij}}} \right] \right) \quad t_{rw_j}, t_{sy_{ij}}, t_{gd_{ij}} > 0 \tag{3.4}$$

式中:t_{gd} 为大规模作战前航材的规定寿命;t_{sy} 为大规模作战前航材的剩余寿命;t_{rw} 为大规模作战期间的飞行任务量(飞行小时);t_0 为提前更换时间(飞行小时);Z 为大规模作战期间可用的飞机数量(架);b 为航材单机安装数(件);n_0'' 为航材到寿数(件);[ ]表示向上取整。

其中,

(1) $t_{gd_{ij}}|_{j=1,2,3,4}$ 分别表示战役前该项航材第 i 件的规定小时、规定起落、规定次数(除了起落次数以外的其他使用次数)、规定使用日历。

(2) $t_{sy_{ij}}|_{j=1,2,3,4}$ 分别表示战役前该项航材第 i 件的剩余小时、剩余起落、剩余次数、剩余使用日历。

(3) $t_{rw_j}|_{j=1,2,3,4}$ 分别表示战役期间的单机飞行小时、单机飞行起落、单机使用次数和使用日历。战役期间的单机飞行小时、单机飞行起落、单机使用次数均使用战役计划中所预计的任务量,使用日历为大规模作战期限。

3.4.2 故障需求预测模型

大规模作战期间的航材故障需求预测模型包括战时故障率模型、战时可修件故障需求预测模型、战时消耗件故障需求预测模型和战时故障需求优化模型。故障需求预测必须采用战时航材的故障率,因此应先建立战时故障率模型,然后再利用战时的故障率建立战时可修件故障需求预测模型、战时消耗件故障需求预测模型和战时故障需求优化模型。

1. 战时故障率模型

战时装备一般是强化使用的,此时航材维修更换的概率即为战时强化使用维修更换率。而战时强化使用维修更换率肯定要高于平时维修更换率。因此,必须考虑大规模作战期间因装备强化使用导致航材故障率的变化。

战时故障率为

$$\lambda = \lambda_0 \cdot \zeta \tag{3.5}$$

式中:λ 为战时航材的故障率(件/飞行小时);λ_0 为平时航材的故障率(件/飞行小时);ζ 为战时强化使用时航材故障率的修正系数;$\zeta = \dfrac{W_2}{W_1}$,中高强度战役一般在[1.5,2]范围内取值,中等强度战役一般取值为1.5,低等强度战役一般在[1,1.5]范围内取值。W_2 为战时平均每天计划使用时间(飞行小时/天);W_1 为平时平均每天计划使用时间(飞行小时/天)。

另外,有些研究没有采用战时故障率计算故障需求,而是先根据平时故障率计算大规模作战期间产生的故障需求,然后再利用战时强化使用时故障率的调整系数 ζ 进行修正。经验证明,这两种方法的计算结果基本相同,均可以用于预测故障需求。

2. 战时可修件故障需求预测模型

作者在前期研究战储标准时只进行战时航材消耗预测,不考虑周转问题。战储标准是针对三个月作战消耗制订的,不用考虑周转问题,只预测消耗量,那么一些修理周期较短的航材的需求量也不会超出实际需要太多,对战储航材采购经费使用和库存管理工作影响不大。但是,大规模作战持续时间比较长,一般按照作战半年需要制订大规模作战航材储备标准。在大规模作战期间,如果不考虑送修周转而只预测消耗量,那么结果很可能会远超实际需要。如果按消耗量预测值进行采购,必然会造成经费紧张和浪费。因此,要做好大规模作战期间可修件的保障工作,必须考虑送修周转问题。

1) 基本假设

(1) 假设。

① 航材均工作在偶然故障期,故障形式为随机故障且故障相互独立,故障率恒定,寿命服从指数分布,需求服从稳定的泊松分布[130-131]。

② 不考虑串件拼修。

(2) 说明。

① 首先,装机航材中处于早期故障期的几乎没有,可以基本不用考虑。因为航材一般投入使用前就需要进行磨合,以调试出适当参数,所以早期故障在磨合期内已基本消除,使用中对可靠性没有太大影响。然后,处于耗损故障期的航材极少,主要是电子元器件等,一般消耗多、单价低,为便于筹措,一般在定量测算的周转量的基础上适当增加一些,以满足大规模作战期间的周转需求,计算时采用哪一种分布对大规模作战期间这些航材的保障工作影响不大。因此,可以认为航材一般工作在偶然故障期,在该阶段发生的故障均为随机故障,而且故障相互独立[132-134]。而泊松过程是一种累计随机事件发生次数的最基本的独立增量过程,适合于描述单位时间内随机事件发生的次数。因此,可以假设一定观察期航材发生随机故障的数量服从泊松分布。

② 串件拼修的航材不是通过筹措解决的,对备件保障部门来说仍然属于缺件,所以周转量测算时不考虑串件拼修。

2) 模型建立

根据帕尔姆定理,x 为 $[0,t]$ 时间内的航材需求量,且故障间隔时间相互独立并服从故障率为 λ 的指数分布,则航材一个修理周期 T 内的需求 x 服从期望

均值为 λmtT 的泊松分布,即

$$\Pr(x) = \frac{(\lambda mtT)^x e^{-\lambda mtT}}{x!} \quad x=0,1,2,\cdots \tag{3.6}$$

式中:λ 为战时航材的故障率(飞行小时);m 为装机航材数量(件),$m = Z \times b$,其中 Z 为大规模作战期间总体可用的飞机数量(架),b 为单机安装数(件);t 为战役期间预计飞行时间(飞行小时),$t = W_2 \times T_{zzsj}$,T_{zzsj} 为战役持续时间(天),W_2 为战时平均每天计划使用时间(飞行小时/天);T 为修理周期(年)。如果修理周期高于战役持续时间,则该修理周期按战役持续时间算。鉴于当前供货周期太长,大规模作战航材保障不考虑作战期间临时订货补给问题。

可修件故障需求量 n_1'' 的预测模型为

$$n_1'' = \{ s \mid \Pr(x \leq s)$$
$$= \sum_{x=0}^{s} \Pr(X = x \mid \lambda mtT), \quad \Pr(x \leq s) \geq 90\% > \Pr(x \leq s-1) \} \tag{3.7}$$

式中:s 为可修件的储备量(件);$\Pr(x \leq s)$ 为可修件自然消耗的期望累积概率。

如果需求量 $x \leq s-1$,此时航材有库存,这表示现有库存能够满足外场需求;而且,自然消耗期望累积概率随着 s 的增大而增大。当可修件自然消耗期望累积概率刚刚达到 90% 以上时的 s 即为大规模作战期间可修件的需求量,表示按该值筹备的可修件满足大规模作战期间自然消耗的概率可以达到 90% 以上。

3. 战时消耗件故障需求预测模型

1)基本假设

(1)航材均工作在偶然故障期,故障形式为随机故障且故障相互独立,故障率恒定,寿命服从指数分布,需求服从稳定的泊松分布。

(2)不考虑串件拼修。

(3)定检产生的消耗可根据定检航材、定检科目直接确定需求。

2)模型建立

根据帕尔姆定理,x 为 $[0,t]$ 时间内的航材需求量,且故障间隔时间相互独立并服从故障率为 λ 的指数分布,则航材的需求 x 服从期望均值为 λmt 的泊松过程,即

$$\Pr(x) = \frac{(\lambda mt)^x e^{-\lambda mt}}{x!} \quad x=0,1,2,\cdots \tag{3.8}$$

式中:λ 为战时航材的故障率(件/飞行小时);m 为装机航材数量(件),$m = Z \times b$,其中 Z 为大规模作战期间总体可用的飞机数量(架),b 为单机安装数

（件）；t 为战役期间预计飞行时间（飞行小时）。$t = W_2 \times T_{zzsj}$，其中 W_2 为战时平均每天计划使用时间（飞行小时/天），T_{zzsj} 为战役持续时间（天）。

消耗件故障需求量 n_1'' 的预测模型为

$$n_1'' = \{ s \mid \Pr(x \leqslant s)$$
$$= \sum_{x=0}^{s} \Pr(X = x \mid \lambda m t), \quad \Pr(x \leqslant s) \geqslant 90\% > \Pr(x \leqslant s - 1) \} \quad (3.9)$$

式中：s 为消耗件的储备量（件）；$\Pr(x \leqslant s)$ 为消耗件自然消耗的期望累积概率。

当消耗件自然消耗期望累积概率刚刚达到 90% 以上时的 s 即为大规模作战期间消耗件的需求量，表示按照该值筹备的消耗件满足大规模作战期间自然消耗的概率可以达到 90% 以上。

因为消耗件的价格较低，储备量可以适当增加。因此，消耗件的自然消耗累积概率目标水平可以比可修件高一些。

4. 战时故障需求优化模型

战时可修件故障需求预测模型、战时消耗件故障需求预测模型只能保证航材的备件保障效能达到所要求的水平，但是不能保证各型飞机的航材保障良好率达到一般要求的 95% 以上。也就是说，上述战时可修件、消耗件故障需求预测模型不能对装备系统保障效能进行评估。因此，本书提出建立战时故障需求优化模型，以对大规模作战期间航材故障消耗产生的需求量进行优化，确保系统保障效能达到要求的水平。

1）建模要求

（1）应对大规模作战期间不同机型能达到的航材保障良好率进行评估，并要求不能低于一定的水平。一般情况下，各型飞机的航材保障良好率不能低于 95%，个别新机型或者特种飞机会更高一些。

（2）只对平时有消耗航材的故障需求量进行优化配置，不考虑平时无消耗的航材和低价航材。

2）假设条件

（1）假设。

① 航材均工作在偶然故障期，故障形式为随机故障且故障相互独立，故障率恒定，寿命服从指数分布，需求服从泊松分布。

② 不考虑串件拼修。

③ 消耗件有足够储备。

④ 航材到寿、任务携行等产生的需求有足够的储备。

⑤ 不需考虑航材在各仓库之间的配置问题。

（2）说明。

一是,假设①、②是合理的,具体说明见战时可修件故障率需求预测模型。

二是,消耗件为便于筹措一般一批会采购很多,航材到寿产生的需求是可以进行比较准确地预测的,针对这些情况测算的需求量基本都可以满足实际保障需要,因此假设③、④是合理的。

三是,如果一个基层仓库临时缺件,可以通过从其他仓库调拨来解决。目前国内物流发达,这在一定程度上可以缓解调拨过程中产生的供应时间延迟的问题。因此,假设⑤也是合理的。

（3）模型建立。

$EBO(s_i)$ 为大规模作战期间该型飞机第 i 项航材的故障需求量为 s_i 时的短缺数,其公式为

$$EBO(s_i) = \sum_{x=s_i+1}^{\infty}(x-s_i)P\{x\} \tag{3.10}$$

式中:s_i 为大规模作战期间该型飞机第 i 项航材的故障需求量(件);$s = \{s_1, s_2, \cdots, s_I\}$,$i=1,2,\cdots,I$,$s_i \geq s_i^0$,$s_i^0$ 为根据战时可修件和消耗件的故障需求预测模型计算的故障需求量 n_1'',$\Delta s_i = s_i - s_i^0$,$s_0 = \{s_1^0, s_2^0, \cdots, s_I^0\}$;$P\{x\}$ 为泊松分布,其计算公式见可修件和消耗件的故障需求预测模型。

则战时故障需求优化模型为

$$\begin{cases} \max A(s) = \prod_{i=1}^{I}\left\{1-\dfrac{EBO(s_i)}{Zn_i}\right\}^{n_i} \times 100\% \\ \text{s.t.} \sum_{i=1}^{I} c_i \Delta s_i \leq C \end{cases} \tag{3.11}$$

式中:$A(s)$ 为大规模作战期间该型飞机的各航材储备量为 s 时达到的航材保障良好率;n_i 为大规模作战期间该型飞机第 i 项航材的单机安装数(件);c_i 为大规模作战期间该型飞机第 i 项航材的单价(元);C 为大规模作战期间该型飞机航材保障总费用(元)。C 只包括因故障消耗所需航材的费用。

当 $A(s)$ 刚刚达到或超过 a 时的故障需求量 s 即为符合实际需求的最优解。不同机型的航材保障良好率目标水平可以根据大规模作战期间各自机群规模、任务特点等情况设定。

（4）模型求解。

为便于采用边际分析法对战时故障需求优化模型进行求解,需要对航材保障良好率公式 $A(s)$ 两边取对数,即

$$\ln(A(s)) = \sum_{i=1}^{I} n_i \ln\left\{1 - \frac{\text{EBO}(s_i)}{Zn_i}\right\} \approx -\frac{1}{Z}\sum_{i=1}^{I}\text{EBO}(s_i) \quad (3.12)$$

式中：Z 为大规模作战期间可用的飞机数量（架）。

设 $f(s) = \sum_{i=1}^{I}\text{EBO}(s_i)$，战时故障需求优化模型可以转化为

$$\begin{cases} \min f(s) = \sum_{i=1}^{I}\text{EBO}(s_i) \\ \text{s.t.} \sum_{i=1}^{I} c_i \Delta s_i \leq C \end{cases} \quad (3.13)$$

在需求量优化配置过程中，当 $A(s)$ 刚刚达到或超过要求的航材保障良好率水平 a 时的故障需求量 s 即为最优解。

算法思路是：首先，在根据战时可修件和消耗件的故障需求预测模型计算的初始故障需求量 s_0 的基础上进行配置，每一步配置 1 件；其次，每一步应配置给边际效益最大的那一项航材，同时该航材当前的边际效益用配置后的边际效益替换，用于下一步的配置；最后，当所有航材的总短缺数减到 0，停止配置。

算法的主要步骤如下。

① 确定初始故障需求量。

初始故障需求量 $s_0 = \{s_1^0, s_2^0, \cdots, s_I^0\}$。

② 计算每一项航材在不同需求量条件下的边际效益。

设 Δ_i^k 为配置的第 k 步第 i 项航材的边际效益（$k \geq 1$）为

$$\Delta_i^k = \frac{\text{EBO}(s_i^0 + k - 1) - \text{EBO}(s_i^0 + k)}{c_i} \quad (3.14)$$

③ 建立传递公式。

设 Δ_i 为第 i 项航材的边际效益，$\Delta = \{\Delta_1, \Delta_2, \cdots, \Delta_I\}$。

设 l 为配置的每一步边际效益最大的航材的编号，在该步配置中，该航材的故障需求量加 1，其边际效益用其故障需求量加 1 后的边际效益替换，即为 $\Delta_l = \Delta_l^{k+1}$。其他航材的边际效益不变，即 $\Delta_i = \Delta_i^k |_{i=1,2,\cdots,I, i \neq l}$。

设 u_i^k 为第 k 步第 i 项航材的故障需求量的增量，$u_k = \{u_1^k, u_2^k, \cdots, u_I^k\}$，

$$u_i^k = \begin{cases} 1 & i = l \\ 0 & i = 1,2,\cdots,I; i \neq l \end{cases}$$

设 s_i^k 为第 k 步第 i 项航材的故障需求量，$s_k = \{s_1^k, s_2^k, \cdots, s_I^k\}$。那么，状态转移方程为

$$s_k = s_{k-1} + u_k \quad (3.15)$$

④ 建立最优递推公式和递归边界条件。

最优递推公式为

$$\begin{cases} f(s_0) = \sum_{i=1}^{I} \text{EBO}(s_i^0) \\ f(s_k) = f(s_{k-1}) - c_l \Delta_l^k \end{cases} \quad (3.16)$$

递归边界条件为

$$f(s_{k+1}) = 0 \quad (3.17)$$

⑤ 确定最优故障需求量。在 $\sum_{i=1}^{I} c_i(s_i^k - s_i^0) \leq C$ 且 $A(s)$ 刚刚达到或超过 a 条件下的需求量 s_k 即为最优解。

3.4.3 作战损伤需求预测模型

本章根据航材故障率、单机安装数和作战期间可用机群规模、战役持续时间、作战时限、作战损伤率、战时维修更换率、战时飞机出动强度等因素,以作战损伤累积概率达到90%以上为目标函数,建立航材作战损伤需求预测模型,测算一定机群规模条件下一定作战期限内航材的作战损伤需求。

1. 假设条件

(1) 航材作战损伤为随机事件且相互独立,作战损伤率恒定,需求服从二项分布。

(2) 战损飞机和无法修复的战伤飞机退出参战序列后,航材随战损飞机报废,其消耗不再产生需求。

(3) 无法修复的战伤飞机可用于串件,但是这部分飞机一般战伤较大、无法修复,这意味着可串件的航材十分有限。所以,本书假设无法修复的战伤飞机的航材随机报废。

2. 模型建立

- n_2'' 为确保一个机型、一定机群规模、一定作战期限内作战损伤航材供应且作战损伤累积概率刚好达到90%以上时所需储备的数量(件)。
- s_2'' 为战时航材的储备量(件)。
- P 为作战期间飞机平均日出动强度(次/架天)。
- α 为飞机战伤率。

- α_s 为航材战伤率。

飞机部件的战伤率由飞机受威胁的具体条件以及飞机本身结构决定,即使相同的部件,如果所受威胁的具体条件不同,战伤概率也不相同。因为战场环境错综复杂,也没有相关的数据样本以供研究,准确测算每一项航材的战伤率是不可能的。有些研究根据机翼、尾翼、机头等不同部位的表面积来计算不同部位航材的战伤率,但是作者认为,飞机的一个部位被击中,那么这个部位一定范围内的航材都会损坏,而不是只有被攻击点的某一项航材会损坏。因此,本章提出假设整个飞机包括 B 个这样的模块,任意一个模块被击中,其所属航材均受损伤。例如,机身可分为前、中、后机身 3 个模块,每一个机翼可分为 3 个模块,每一个水平尾翼可作为 1 个模块,每一个垂直尾翼可作为 1 个模块;另外,飞机一般包括 2 个机翼、2 个水平尾翼,1~2 个垂直尾翼。因此,飞机可以大致分为战伤概率相同的 12~13 个模块,具体数量可以根据不同飞机结构、大小而定。那么,航材的战伤率与飞机战伤率的关系可表示为 $\alpha_s = \dfrac{\alpha}{B}$。

- β 为飞机地面损伤率。
- β_s 为航材地面损伤率。航材的地面损伤率与飞机地面损伤率的关系为 $\beta_s = \dfrac{\beta}{B}$。
- p 为航材作战损伤率,$p = \alpha_s + \beta_s$。
- Z 为大规模作战期间总体可用的飞机数量(架)。
- T_{zzsj} 为战役持续时间(天)。
- M 为作战期间飞机的总出动次数,$M = [P \times Z \times T_{zzsj}]$,[ ] 表示向上取整。
- ϕ 为飞机战损率。
- ϕ_s 为航材战损率。航材的战损率与飞机战损率的关系为 $\phi_s = \dfrac{\phi}{B}$。
- φ 为飞机空袭地面损失率。
- φ_s 为航材空袭地面损失率。航材的空袭地面损失率与飞机空袭地面损失率的关系为 $\varphi_s = \dfrac{\varphi}{B}$。
- γ 为航材作战损失率,$\gamma = \varphi_s + \phi_s$。由于战斗或空袭地面时飞机的损失意味着彻底报废,其航材不再需要供应。所以飞机存在一定的战损率,大规模作战所需要储备的航材应适当减少。
- x 为航材在作战期间的可能损伤量(件)。

则一个机型、一定机群规模、一定作战期限内航材作战损伤产生的需求量为

$$n_2'' = \min\left\{s_2'' \mid 90\% \leqslant \sum_{x=0}^{s_2''} \binom{M}{x} p^x (1-p)^{M-x}\right\} \cdot (1-\gamma) \qquad (3.18)$$

当期望累积概率 $\sum_{x=0}^{s_2''} \binom{M}{x} p^x (1-p)^{M-x}$ 刚刚达到90%以上时的 s_2'' 即为大规模作战期间航材因作战损伤产生的需求量,表示按该值筹备的航材能够满足大规模作战期间作战损伤消耗的概率可以达到90%以上。

3.4.4 大规模作战航材需求预测模型

大规模作战航材需求包括以下三个部分。

（1）大规模作战期间航材的到寿数 n_0''。这些航材是根据航材到寿时间精确预测的结果,是因战役期间到寿而必须在战前筹措到位的航材。

（2）大规模作战期间航材故障需求量 n_1''。这些航材是结合平时故障率和战时作战强度等因素得出的结果,是战役期间因故障消耗而需要储备的数量。

（3）大规模作战期间航材作战损伤需求量 n_2''。这些航材是战役期间因作战损伤而需要及时供应的数量。战役期间可能存在到寿或故障前就因战伤而消耗的情况,这种情况会导致到寿或故障需求量和作战损伤需求量存在一定的重复预测,需要排除这部分重复的预测值。

设 v 为作战损伤消耗的航材中原来预计到寿或故障的航材所占比例,则大规模作战航材需求量为

$$n'' = n_0'' + n_1'' + n_2'' \times (1-v) \qquad (3.19)$$

3.4.5 算例

下面以某型飞机的一种消耗件和一种可修件为例来说明大规模作战航材需求预测的基本方法。

1. 消耗件算例

已知条件：
- 作战期间总体可用的飞机数量 $Z=48$ 架。
- 航材单机安装数 $b=1$ 件。
- 战役持续时间 $T_{zsj}=180$ 天。
- 航材平时故障率 $\lambda_0=0.0008$ 件/飞行小时。

- 平时单机平均每天计划使用时间 $W_1 = 0.8$ 飞行小时。
- 战时单机平均每天计划使用时间 $W_2 = 1.2$ 飞行小时。
- 作战期间飞机平均日出动强度 $P = 0.02$ 次/架天。
- 飞机可分成战伤概率相同的模块的数量 $B = 12$ 个。
- 飞机战伤率 $\alpha = 0.1$。
- 飞机事故或故障地面损伤率 $\beta = 0.02$。
- 飞机战损率 $\phi = 0.02$。
- 飞机空袭地面损失率 $\varphi = 0.02$。
- 大规模作战期间到寿数量 $n_0'' = 2$ 件。
- 作战损伤消耗的航材中原来预计发生故障的航材所占比例 $\upsilon = 0.2$。

具体计算过程如下：

1) 计算战时故障率

战时强化使用时故障率的修正系数为

$$\zeta = \frac{W_2}{W_1} = \frac{1.2}{0.8} = 1.5$$

战时故障率为

$$\lambda = \lambda_0 \times \zeta = 0.0008 \times 1.5 = 0.0012 (件/飞行小时)$$

2) 计算战时航材故障需求

装机航材数量为

$$m = Z \times b = 48 \times 1 = 48 (件)$$

作战期间预计飞行时间为

$$t = W_2 \times T_{zsj} = 1.2 \times 180 = 216 (飞行小时)$$

采用战时故障率计算的泊松分布的期望均值为

$$\lambda m t = 0.0012 \times 48 \times 216 = 12.4416 (件)$$

此时该航材故障累积概率分布如图 3.4 所示。由该图可见，该航材的故障累积概率刚达到 90% 以上时的概率为 91.85%，此时的故障需求量为 $n_1'' = 17$ 件。

另外，也可以先根据平时故障率计算 6 个月作战产生的故障需求，然后再利用战时强化使用时故障率的调整系数 ζ 进行修正。此时，泊松分布的期望均值为 $\lambda_0 m t = 0.0008 \times 48 \times 216 = 8.2944 (件)$，该航材的故障累积概率分布如图 3.5 所示。

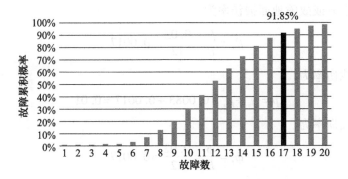

图 3.4 故障累积概率分布图(用 ζ 修正平时故障率)

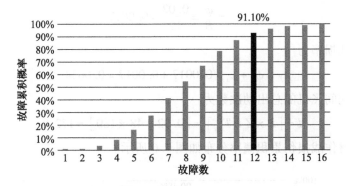

图 3.5 故障累积概率分布图(用 ζ 修正故障需求)

由图 3.5 可见,该航材的故障累积概率刚达到 90% 以上时的概率为 91.1%,此时的故障需求量为

$$n_1'' = 12(件)$$

然后,利用战时强化使用时故障率的修正系数 $\zeta = 1.5$ 进行修正,即

$$n_1'' = 12 \times 1.5 = 18(件)$$

可见,后一种方法所计算的故障需求比前一种方法仅仅多出约 6%,计算结果比较接近。因此,上述两种方法均可以用于预测故障需求。另外,该机型航材的故障需求在经过"战时故障需求优化模型"优化后,该消耗件的故障需求不变。

3) 计算战时航材作战损伤需求

航材飞机战伤率为

$$\alpha_s = \frac{\alpha}{B} = \frac{0.1}{12} \approx 0.0083$$

049

航材事故或故障地面损伤率为

$$\beta_s = \frac{\beta}{B} = \frac{0.02}{12} \approx 0.0017$$

航材战伤率为

$$p = \alpha_s + \beta_s = 0.0083 + 0.0017 = 0.01$$

航材战损率为

$$\phi_s = \frac{\phi}{B} = \frac{0.02}{12} \approx 0.0017$$

航材空袭地面损失率为

$$\varphi_s = \frac{\varphi}{B} = \frac{0.02}{12} \approx 0.0017$$

航材战损率为

$$\gamma = \phi_s + \varphi_s = 0.0017 + 0.0017 = 0.0034$$

作战期间飞机的总出动次数为

$$M = [P \times Z \times T_{zzsj}] = [0.02 \times 48 \times 180] = 172.8$$

该航材作战损伤累积概率分布如图 3.6 所示。

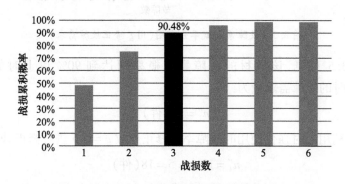

图 3.6 作战损伤累积概率分布图

该航材作战损伤累积概率刚达到 90% 以上时的概率为 90.48%,此时的作战损伤需求量 $n_2'' = 3$,再利用航材作战损失率进行修正,即

$$n_2'' = 3 \times (1 - \gamma) = 3 \times (1 - 0.0034) \approx 3(件)$$

4)计算大规模作战航材需求

如果利用战时故障率计算,则该航材大规模作战期间的需求量为

$$n'' = n_0'' + n_1'' + n_2'' \times (1 - \upsilon) = 2 + 17 + 3 \times (1 - 0.2) \approx 21(件)$$

因此,大规模作战期间该消耗件的总需求约为21件。

2. 可修件算例

已知条件:
- 作战期间总体可用的飞机数量 $Z=48$ 架。
- 航材单机安装数 $b=2$ 件。
- 战役持续时间 $T_{zzsj}=180$ 天。
- 修理周期 $T=0.25$ 年。
- 航材平时故障率 $\lambda_0=0.0014$ 件/飞行小时。
- 平时单机平均每天计划使用时间 $W_1=0.8$ 飞行小时。
- 战时单机平均每天计划使用时间 $W_2=1.2$ 飞行小时。
- 作战期间飞机平均日出动强度 $P=0.02$。
- 飞机可分成战伤概率相同的模块的数量 $B=12$ 个。
- 飞机战伤率 $\alpha=0.1$。
- 飞机事故或故障地面损伤率 $\beta=0.02$。
- 飞机战损率 $\phi=0.02$。
- 飞机空袭地面损失率 $\varphi=0.02$。
- 大规模作战期间到寿数量 $n_0''=6$ 件。
- 作战损伤消耗的航材中原来预计发生故障的航材所占比例 $v=0.2$。

具体计算过程如下:

1) 计算战时故障率

战时强化使用时故障率的修正系数 ζ 与上述消耗件相同,即
$$\zeta=1.5$$

战时故障率为
$$\lambda=\lambda_0\times\zeta=0.0014\times1.5=0.0021(\text{件}/\text{飞行小时})$$

2) 计算战时航材故障需求

装机航材数量为
$$m=Z\times b=48\times2=96(\text{件})$$

作战期间预计飞行时间 t 与上述消耗件相同,即
$$t=216(\text{飞行小时})$$

采用战时故障率计算的泊松分布的期望均值 λmtT 为
$$\lambda mtT=0.0021\times96\times216\times0.25=10.8864(\text{件})$$

该航材故障累积概率分布如图3.7所示。由该图可见,该航材的故障累积概率刚达到90%以上时的概率为91.33%,此时的故障需求量为 $n_1'' = 15$ 件。

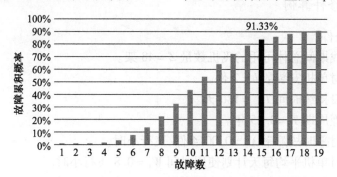

图3.7 故障累积概率分布图(用 ζ 修正平时故障率)

如果先根据平时故障率计算6个月作战产生的故障需求,此时的泊松分布的期望均值为 $\lambda_0 mtT = 0.0014 \times 96 \times 216 \times 0.25 = 7.2576$ (件),该航材的故障累积概率分布如图3.8所示。

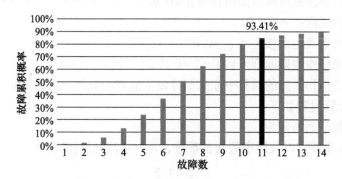

图3.8 故障累积概率分布图(用 ζ 修正故障需求)

由图3.8可见,该航材的故障累积概率刚达到90%以上时的概率为93.41%,此时的故障需求量为

$$n_1'' = 11 (件)$$

然后,再利用战时强化使用时故障率的修正系数 $\zeta = 1.5$ 进行修正,即为

$$n_1'' = 11 \times 1.5 = 16.5 \approx 17 (件)$$

可见,后一种方法所计算的故障需求比前一种方法仅多出约10%,计算结果比较接近。另外,该机型航材的故障需求在经过"战时故障需求优化模型"优化后,该消耗件的故障需求不变。

3) 计算战时航材作战损伤需求

航材的飞机战伤率、事故或故障地面损伤率、战伤率、飞机战损率、空袭地面损失率、战损率、作战期间飞机的总出动次数与上述消耗件相同,所以该航材作战损伤累积概率分布图也与上述消耗件相同,其作战损伤需求量为

$$n_2'' \approx 3(件)$$

4) 计算大规模作战航材需求

如果利用战时故障率计算,则该航材大规模作战期间的需求量为

$$n'' = n_0'' + n_1'' + n_2'' \times (1 - v) = 4 + 15 + 3 \times (1 - 0.4) \approx 21(件)$$

因此,大规模作战期间该可修件的总需求约为 21 件。

3.5 大规模作战航材储备模型及应用

3.5.1 大规模作战航材储备模型

大规模作战过程中导致航材消耗的因素与平时相比更加复杂多样,作战期间航材的需求具有更大的不确定性。因此,大规模作战航材不适合制订一个储备定额,而应该制订储备限额,即储备下限和储备上限,其模型如下。

大规模作战航材消耗量 n''' 为

$$n''' = \lambda m t (1 - p_{x3}) \tag{3.20}$$

式中:λ 为战时航材的故障率(件/飞行小时);m 为装机航材数量(件),计算方法同上;t 为战役期间预计飞行时间(飞行小时),计算方法同上;p_{x3} 为可修件的修复率,如果是消耗件,其值默认为 0。

大规模作战航材储备下限 S_1 为

$$S_1 = n'' \tag{3.21}$$

式中:n'' 为上述模型计算的大规模作战航材需求量。

大规模作战航材储备上限 S_2 为

$$S_2 = n'' + n''' \tag{3.22}$$

3.5.2 大规模作战航材储备标准及其使用方法

利用上述模型测算的大规模作战航材储备限额即为大规模作战航材储备标

准,该标准可以作为大规模作战航材筹措与供应工作的参考依据。大规模航材储备标准的储备下限是大规模作战期间航材的需求量,也就是最低库存量,如果低于该值,那么航材的储备就难以满足大规模作战的需要;储备上限为大规模作战需求量与消耗量之和,在经费允许的条件下,可以按储备上限筹措航材。因此,大规模航材储备标准设置了储备下限和储备上限,既有利于避免积压呆滞、经费浪费,也有利于避免关重件库存不足而导致缺件停飞,这对大规模作战期间实现航材精确保障具有重要意义。

大规模作战航材储备标准在使用时,有寿消耗、纯消耗、有寿可修和无寿可修四类航材应区别对待,具体方法是:

(1) 有寿消耗航材到寿时要确保能及时更换,这类航材应优先储备。因为是必耗航材,无论故障率高低,均按储备标准上限储备。

(2) 纯消耗航材是飞机维修、定检必耗航材,这类航材应充分储备。因价格较低,无论故障率高低,均按储备标准上限储备。

(3) 有寿可修航材到寿或故障必须更换,是影响飞行安全和任务完成的关重件,这类航材应重点储备,确保供应不间断。故障率高的按储备标准上限储备,故障率低的以及没有发生过故障的但是有潜在故障的按储备标准下限储备,其他情况不储备。注意:作战期间到寿航材足额储备,因为这是必耗情况。

(4) 无寿可修航材故障必须更换,也是保障难点,这类航材也应重点储备。故障率高的按储备标准上限储备,故障率低的以及没有发生过故障的但是有潜在故障的按储备标准下限储备,其他情况不储备。

另外,还需要注意的是,大规模作战航材储备标准制订以后并不是必须完全按照该标准执行,而是需要依据任务实际进行调整。例如,在执行远海作战任务时,可依据大规模作战航材储备标准,结合作战方向、参战机群规模、作战任务类型、维修条件、任务周期等因素,制订出合理的携行清单,然后再按照携行清单将编队舰基携行航材及时筹措到位。

3.6　大规模作战航材需求仿真模型

针对目前大规模作战航材需求历史数据匮乏、难以建立精确可靠的战时航材需求预测模型的问题,本节将常用的预测方法,如马尔可夫预测法、灰色系统预测法等与蒙特卡罗仿真方法相结合来解决上述问题。

3.6.1 蒙特卡罗仿真概述

1. 蒙特卡罗仿真的基本原理

蒙特卡罗仿真是一种以大数定律为基础,通过大量试验来模拟随机现象的方法,当模拟次数达到一定数量后,模拟数据的特征就越接近现实情况。蒙特卡罗算法需要根据数据规律,把确定性问题与某个概率模型相联系,用模拟试验所得统计值代替无法精确计算的理论值,从而解决复杂问题。

近些年来,蒙特卡罗仿真在军事领域得到了大量的应用。比如在导弹毁伤效果计算方面,蒙特卡罗仿真通过比较某些可变参数取不同数值时对目标的毁伤效果,进而得出导弹战斗部各参数的最佳取值范围。

基于蒙特卡罗仿真的航材预测,是在全面考虑影响航材需求因素的基础上,对航材的使用过程进行计算机模拟,力求在最贴近真实战场条件的情况下得出航材需求的预测值。蒙特卡罗仿真的基本流程如下。

(1)建立数据与目标值的关系,构造概率模型,对于本来不是随机问题的确定性问题,需要人为地构造一个概率分布模型。

(2)实现从所构造概率分布的抽样。为实现仿真,必须进行随机变量的抽样,进而得到符合构造的概率分布的随机序列,即样本值。

(3)建立各种统计量的估计。作为问题的解,可能是概率或期望。对于前者则用频率代替,对于后者用样本算术平均值代替,从而近似求解出预测值。

2. 蒙特卡罗仿真的优势

本书使用蒙特卡罗算法开展大规模作战航材需求仿真研究的原因是,与其他仿真算法相对比,蒙特卡罗算法的优势较为突出,具体包括以下几点:

(1)蒙特卡罗仿真通过抓住事物运动的几何数量和特征,利用数学方法模拟试验得到问题的近似解,能够达到与实际情况一致的精确程度。

(2)蒙特卡罗仿真在编写程序时,程序语言简单且易于修改,并且蒙特卡罗仿真算法的层次结构清晰明了,便于在计算机上实现。

(3)蒙特卡罗仿真算法受到实际问题的限制影响较其他算法而言较小,具有较好的普适性,能很好地解决各种线性和非线性问题。

(4)蒙特卡罗仿真的独特性在处理军事方面的问题时能够很好地进行有关战争的仿真,也适用于航材需求预测问题的仿真。

3.6.2 基于马尔可夫法的航材需求蒙特卡罗仿真模型

1. 马尔可夫预测法概述

在战争爆发的时候,相当一部分航材的需求量是一个随机的、不确定的量,并在战争持续时间内表现出随机波动的特点。时间序列预测法及因素分析的方法均不能有效地预测其战时需求量。平时的航材消耗与训练数据只能作为一个参考,战争的演变速度很快,战时物资的需求日新月异,过去的数据信息对现在价值不大。因此我们可以假设航材未来的需求量的情况与"过去"的情况是无关的,只与当前最近的状态有关,即该类航材需求量具有马尔可夫性,马尔可夫性也称为无后效性。无后效性可以概括为事物第 N 次出现的状态只与其第 $N-1$ 次的状态有关,它与再往前的历史状态无关。

马尔可夫预测法是对事件下一时刻各种状态发生的概率进行预测的方法,通过对当前状态的分析来预测其未来各个阶段状态变化。假设一个事件所有可能的状态分别记为 $E_1, E_2, \cdots, E_n$ 且该系统每次只能处于其中的一种状态中,此事件下一步的状态只有在时间流转到固定且顺序排列的时刻 t 上才会发生变化。可以通过一个随机时间序列 $X_n(n=1,2,\cdots)$ 来描述,其中 $X_n = E_k$,表示在 $t=n$ 时刻,事件所处的状态为 E_k。时间序列 X_n 也称为马尔可夫链,它在将来取什么值只与现在的状态有关,而与过去的状态无关。

在事件各部分相互作用动态变化的过程中,从 t 时刻的状态开始,经过 k 个时刻变化到下一状态(可能为相同状态也可能不同)的概率,称作 k 步状态转移概率。E_i 变为 E_j 的状态转移概率简记为

$$P(E_i \to E_j) = P_{ij} \tag{3.23}$$

假定事件所有可能存在的状态共有 n 个,为 $E_1, E_2, \cdots, E_n$。把 P_{ij} 作为矩阵的第 i 行第 j 列,则 n 个状态($j=1,2,3,\cdots,n$)共有 n 行、n 列,则由状态 E_i 转变为状态 E_j 的状态转移概率矩阵为

$$\boldsymbol{P} = \begin{bmatrix} P_{11} & \cdots & P_{1n} \\ \vdots & \ddots & \vdots \\ P_{n1} & \cdots & P_{nn} \end{bmatrix} \tag{3.24}$$

2. 基于马尔可夫法的航材需求预测模型

由航材需求的无后效性可知,过程在时刻 s 处于状态 i 条件下,在随后的 t

个单位时间中过程仍不离开状态 i 的概率,是它处于 i 至少 t 个单位时间的无条件概率。若记 h_i 为过程在转移到另一个状态之前在状态 i 的停滞的时间,则对一切 $s,t \geq 0$,有

$$P\{h_i > s+t | h_i > s\} = P\{h_i > t\} \tag{3.25}$$

由此可见,随机变量 h_i 具有无记忆性。由于战争不会无限制地持续下去,只需要截取马尔可夫链中符合战争持续时间的一部分,每当其演变到状态 i,在事件变化到下一个状态的时间内,马尔可夫模型服从具有特定参数的指数分布。

若已经知道当前一个月份的需求量,便可以利用前述矩阵 P 来计算未来有限月份内航材需求量的各种状态的发生概率。对战争持续时间内的航材需求量,各种状态的概率累加就能够得出战争持续时间内航材需求量的概率分布情况。

(1) 以时间 t 划分阶段,航材在某一时间段内的消耗情况作为航材状态量,该种低需求航材的月需求量为 X,则该种低需求航材在状态 $t_1, t_2, \cdots, t_n$ 的取值分别为 $x_1, x_2, \cdots, x_n$,该种航材需求数据中最大值记为 $X_{\max}$,最小值记为 $X_{\min}$,航材需求量为整数,则该种航材共有 $X_{\max} - X_{\min} + 1$ 种状态。

(2) 根据航材样本实际情况,用频率近似替代概率。设 Y_i 为处于状态 E_i 的样本数;$Y_{ij}(k)$ 为状态 E_i 经过 k 步转移到状态 E_j 的数据个数,用 $P_{ij}(k)$ 表示 k 步转移概率,即

$$P_{ij}(k) = \frac{Y_{ij}(k)}{Y_i(k)} \quad i,j = 1,2,\cdots,n \tag{3.26}$$

则相应的 k 步状态转移概率矩阵 $P(k)$ 就可以表示为

$$P(k) = \begin{bmatrix} P_{11}(k) & \cdots & P_{1n}(k) \\ \vdots & \ddots & \vdots \\ P_{n1}(k) & \cdots & P_{nn}(k) \end{bmatrix} \tag{3.27}$$

(3) 求解任意阶段状态概率向量,当前时间航材需求个数即为当前状态,并通过之前的战备训练记录数据计算出转移概率矩阵,就能够预测出当前时间以后 k 步航材数量所处于的各种状态,用 $C(t)$ 表示战争爆发后第 t 个月的航材各需求量出现的概率矩阵,则基于马尔可夫法的航材需求预测模型为

$$C(t) = C(t-k) \times P(k) \tag{3.28}$$

3. 基于马尔可夫的航材需求蒙特卡罗仿真流程

首先根据前述分析的大规模作战航材马尔可夫性,通过 MATLAB 内置的 unifrnd(a,b,m,n)函数,产生 $m \times n$ 个在[a,b]上服从均匀分布的伪随机数,将产生的结果与马尔可夫模型产生的航材各需求量状态概率进行拟合。为了使蒙特卡罗模拟效果更可靠,更加符合实际,使用 MATLAB 内置 exprnd(MU,m,n)函数,先根据战前积累的航材历史数据,计算其统计平均值 MU,接着计算机生成 $m \times n$ 个均值为 MU 的服从指数分布的随机数序列。在剔除波动较大的数据序列后,将同一时间点的随机数与真实数据相减,将其中方差最小的一组随机模拟数据作为计算机模拟的战时航材需求序列,与原始数据对比,进行误差分析。具体步骤如下。

(1) 首先在 MATLAB 中以矩阵的形式输入航材需求历史数据,编写程序找出其中最大值和最小值,计算出需求量可能存在的状态。令 $t=0$,记录所需要预测的未来 C 个月的个数 C。

(2) 统计每种状态数量,以及由该种状态下一步转移状态数量,计算出第 1 步状态转移概率矩阵 $\boldsymbol{P}(1)$,并以此类推计算出第 $2,3,\cdots,C$ 步状态转移矩阵。

(3) 根据最后一个状态的样本值,计算出未来 C 个月各个状态对应需求量的概率预测值。

(4) 令 $t=t+1$,使用 unifrnd 函数生成 C 个在[$0,1$]上服从均匀分布的随机数。

(5) 将概率拟合转换为具体的航材需求数量,若生成的随机数大于 0 且不大于变为第一种状态的概率,这时该航材的需求量为 0;若生成的随机数大于变为第一种状态的概率且小于等于变为前两种状态的概率之和,则该航材的需求量为 1,以此类推求得第 $2,3,\cdots,C$ 个月的该航材需求量。

(6) 将这 C 个月的航材需求量求和,分别统计其中 $0,1,\cdots,C \times X_{\max}$ 出现次数。

(7) M 为规定的模拟次数,当 $t<M$ 时,流程回到步骤(2),当 $t \geq M$ 时仿真停止,将步骤(6)中各需求量出现的个数除以总仿真次数 M,输出结果并绘制图形。

(8) 使用 exprnd 函数产生随机航材需求数量序列,用该数据组与通过 MATLAB 产生的服从指数分布的航材需求数据组进行逐项对比,检验模型预测效果。

基于马尔可夫的航材需求蒙特卡罗仿真流程如图 3.9 所示。

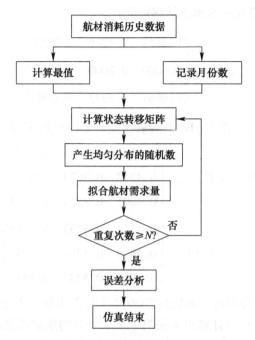

图3.9 基于马尔可夫的航材需求蒙特卡罗仿真流程

4. 算例

已知某型飞机装备实力与飞行任务量的变动不大,飞机上装载的某型蓄压器需求数据样本统计时限为2019年4月—2020年7月,如表3.4所列。试预测未来三个月的需求量。

表3.4 需求数据样本

月份/月	1	2	3	4	5	6	7	8
需求数	1	0	2	1	1	0	1	2
月份/月	9	10	11	12	13	14	15	16
需求数	0	0	1	0	2	0	0	1

由表3.4可知,数据中最大值为2,最小值为0,该型蓄压器需求数量共有3种状态,对时间序列进行统计,用频率近似地表示一步转移概率。由以上数据知,需求数为0的月份有2、6、9、10、12、14、15共7个,由需求数为0经过一步转移到需求数0的数量为2,则

$$P(0 \rightarrow 0) = P_{11} \approx \frac{2}{7} = 0.2857$$

059

同理,可以计算出一步概率转移矩阵:

$$P(1) = \begin{bmatrix} 0.2857 & 0.4286 & 0.2857 \\ 0.6000 & 0.2000 & 0.2000 \\ 0.6667 & 0.3333 & 0.000 \end{bmatrix}$$

以此类推,利用计算 MATLAB 计算出矩阵 $P(2)$、$P(3)$ 如下:

$$P(2) = P^2(1) = \begin{bmatrix} 0.5293 & 0.3034 & 0.1673 \\ 0.4248 & 0.3638 & 0.2114 \\ 0.3905 & 0.3524 & 0.2571 \end{bmatrix}$$

$$P(3) = P^3(1) = \begin{bmatrix} 0.4448 & 0.3433 & 0.2119 \\ 0.4806 & 0.3253 & 0.1941 \\ 0.4944 & 0.3235 & 0.1820 \end{bmatrix}$$

根据需求时间序列可知此航材2020年7月需求量为1,根据概率转移矩阵 $P(1)$、$P(2)$、$P(3)$ 可以计算出未来第1、2、3个月的航材需求状态概率分布,利用 MATLAB 模拟 1×10^4 次,统计战争持续时间内航材需求量为0的状态出现次数为326,航材需求量为1的状态出现次数为591,以此类推,除以仿真次数,得到航材总需求的累加概率,结果如表3.5所列。

表3.5 航材需求状态概率对应表

航材需求量	对应概率	累积概率	航材需求量	对应概率	累积概率
0	0.0326	0.0326	5	0.1873	0.7858
1	0.0591	0.0917	6	0.1139	0.8997
2	0.1277	0.2149	7	0.0615	0.9612
3	0.1726	0.3920	8	0.0358	0.9970
4	0.2065	0.5985	9	0.0029	0.9999

根据航材需求量和累积概率的对应关系,可以绘制出在战斗持续的三个月时间内该航材的数量所对应的战时航材需求的满足率,如图3.10所示。该航材在战时三个月内需求量为7个的时候,对应的需求满足率达到了96%以上。我们不必追求百分之百的满足率而在战前储备过多的蓄压器,为了很小的满足率的提高,需要投入较大的经济成本。虽然相较于经济成本而言,军事效益是摆在第一位的,但是我们可以在战争开始的时候先储备7个蓄压器,再依据战场态势的变化灵活进行补充。预测未来六个月的方法与此相同,不再介绍。

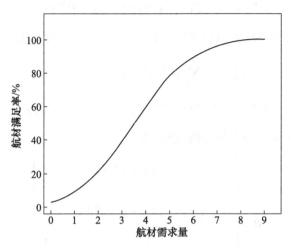

图 3.10 航材个数与航材满足率的关系

3.6.3 基于灰色系统法的航材需求蒙特卡罗仿真模型

1. 灰色系统预测法概述

灰色系统预测起源于常微分理论,对于数量较少,规律不是很明确的样本进行预测较其他方法有一定优势,预测结果较为精确可靠。其中应用最广泛的为灰色动态 GM(1,1)模型,表示一个输入量一阶微分方程。下面采用灰色 GM(1,1)模型对大规模作战航材需求进行预测。

灰色 GM(1,1)模型代表了变量对时间的微分函数,对应的方程为

$$\frac{\mathrm{d}x^{(1)}}{\mathrm{d}t} + ax^{(1)} = u \tag{3.29}$$

式中:t 为时间;a、u 为待估计的参数;a 为发展灰数;u 为灰色作用量。

(1) 计算数据之间级比值(级比值 = 当前期值/下一期值),当计算值介于区间 $(\mathrm{e}^{-\frac{2}{n+1}}, \mathrm{e}^{\frac{2}{n+1}})$ 时说明原始数据适合进行灰色预测。若原数列未能通过级比值检验,只需给每个原始数值加上一个常数 C(常数 C 的确定可以通过 MATLAB 编程逐个搜索合适的数值),使新数列能够通过级比值检验,此后计算都使用新数列,最后得到预测值时再减去常数 C 即可。

(2) 航材需求数据累加,掌握的航材数据往往受到许多因素的干扰,通过对数据进行累加处理来降低干扰,便于挖掘数据规律。假定原始非负数列为

$$X^{(0)} = (X^{(0)}(1) \quad X^{(0)}(2) \quad \cdots \quad X^{(0)}(n)) \quad (3.30)$$

通过如下公式对原始数列进行累加得到 $X^{(0)}$ 的 1-AGO 数据列 $X^{(1)}$，即

$$X^{(1)}(k) = \sum_{i=1}^{k} X^{(0)}(i) \quad (k = 1, 2, \cdots, n) \quad (3.31)$$

$$X^{(1)} = (X^{(1)}(1) \quad X^{(1)}(2) \quad \cdots \quad X^{(1)}(n)) \quad (3.32)$$

(3) 计算 a、u 的参数估计值，设矩阵

$$\boldsymbol{B} = \begin{bmatrix} -\frac{1}{2}[x^{(1)}(1) + x^{(1)}(2)] & 1 \\ -\frac{1}{2}[x^{(1)}(2) + x^{(1)}(3)] & 1 \\ \vdots & \vdots \\ -\frac{1}{2}[x^{(1)}(n-1) + x^{(1)}(n)] & 1 \end{bmatrix} \quad (3.33)$$

$$y = [x^{(0)}(2), x^{(0)}(3), \cdots, x^{(0)}(n)]^{\mathrm{T}} \quad (3.34)$$

$$\hat{\boldsymbol{a}} = \begin{bmatrix} a \\ u \end{bmatrix} = (\boldsymbol{B}^{\mathrm{T}}\boldsymbol{B})^{-1}\boldsymbol{B}^{\mathrm{T}}y \quad (3.35)$$

(4) 白化 GM(1,1) 模型，进行累减还原，同时若在(1)中添加了常数 C，需在最后的结果中减去常数 C，得到预测公式：

$$\hat{x}^{(1)}(i+1) = \left(x^{(0)}(1) - \frac{u}{a}\right)\mathrm{e}^{-ai} + \frac{u}{a} \quad (3.36)$$

$$\begin{cases} \hat{x}^{(0)}(1) = \hat{x}^{(1)}(1) \\ \hat{x}^{(0)}(i) = \hat{x}^{(1)}(i) - \hat{x}^{(1)}(i-1) \quad (i = 2, 3, \cdots, n) \end{cases} \quad (3.37)$$

(5) 输入需要预测的期数即可得到相应的作战航材需求数量的预测值。

2. 基于灰色 GM(1,1) 的蒙特卡罗仿真模型

通常情况下，根据所选择航材需求数据序列的不同长度可以得到不同的灰色 GM(1,1) 模型需求预测结果，从而形成一个可以供战时航材储备计划制定人员选择的灰色预测区间。如果原始航材需求数据序列太长，灰色区间太大，模型预测的准确性将有所降低；如果数据原始需求序列过短，则预测长期需求数据的难度大大提高。此外，对于灰色系统来说，系统的外部干扰因素随着时间序列的不断延长而产生变化，导致系统处于一种波动状态。此时，若直接套用需求预测

模型对长期航材需求进行预测,一方面,GM(1,1)需求预测模型的预测准确性可能会不断下降;另一方面,需求预测模型很难在系统状态发生变化时做出及时的响应,导致航材需求预测可靠程度下降。

鉴于此,十分有必要导入一些新的信息,以反映不断变化的灰色系统,或者在没有白化信息(已知数据)的情况下,使用半透明的灰色数据来降低整个数据空间的灰色程度,这样能让 GM(1,1)需求预测模型更加及时精确响应灰色系统的数据波动。此时得到的预测模型就是基于蒙特卡罗仿真的改进 GM(1,1)模型,其具体计算步骤如下。

(1)在原始航材需求序列中,依次增加一个新的航材需求数据,假设这个新的需求数据为 $X_N^{(0)}(1)$,即

$$X_N^{(0)}(1) = \alpha_1 X^{(0)}(2) + \alpha_2 X^{(0)}(3) + \cdots + \alpha_n X^{(0)}(n+1) \tag{3.38}$$

(2)由蒙特卡罗仿真产生在区间[0,1]上的随机数 $\lambda_1,\lambda_2,\cdots,\lambda_n$,接着计算它们的总和 S_u 之后计算出 $\alpha_1,\alpha_2,\cdots,\alpha_n$ 的值,即

$$S_u = \lambda_1 + \lambda_2 + \cdots + \lambda_n \tag{3.39}$$

$$\alpha_k = \frac{\lambda_k}{S_u} \quad k = 1,2,\cdots,n \tag{3.40}$$

(3)去掉一个时间跨度最长的旧信息(已知需求序列的第一个数据),使得整个需求序列的维度不发生变化,如此推进,逐个递补,精度达到设定的要求或者实现了需要预测的目标。

(4)考虑到战争的多阶段性,航材需求在不同的战争阶段具有不同的阶段特性,且 GM(1,1)模型适用于短时间内的需求预测,如果需要预测未来较长一段时间的系统变化规律,会受到系统外部各种置入系统的干扰因素的影响,系统不可能在整个预测周期内保持同一个速度变化,会出现有时快、有时慢的特点。鉴于此,下面在前面 GM(1,1)模型的基础上,将灰色系统航材需求预测模型多阶段化,如下式所示:

$$\begin{cases} x^{(0)}(k_1) = b_1 e^{-a_1(k_1-1)} & k_1 = 1,2,\cdots,n_1 \\ x^{(0)}(k_2) = b_2 e^{-a_2(k_2-1)} & k_2 = n_1+1, n_1+2,\cdots,n_2 \\ \quad\quad\quad\quad\quad\quad \vdots \\ x^{(0)}(k_n) = b_n e^{-a_n(k_n-1)} & k_n = n_{n-1}+1, n_{n-1}+2,\cdots,n_n \end{cases} \tag{3.41}$$

式中: $b_n = b_{n-1} e^{-a_{n-1}(k_{n-1}-1)}$ 可以依据战场态势,对于时间跨度进行更加精确的阶段划分。

(5) 当 GM(1,1)模型建立之后,在使用 GM(1,1)模型前还需要使用方差比检验方法对模型的准确性和稳定性进行检验。首先求出原始数据列的均方差 S_0:

$$S_0 = \sqrt{\frac{S_0^2}{n-1}} \qquad (3.42)$$

$$S_0^2 = \sum_{i=1}^{n} [x^{(0)}(i) - \bar{x}^{(0)}]^2 \qquad (3.43)$$

$$\bar{x}^{(0)} = \frac{1}{n}\sum_{i=1}^{n} x^{(0)}(i) \qquad (3.44)$$

接着求出残差数列 $\varepsilon^{(0)}(i) = x^{(0)}(i) - \hat{x}^{(0)}(i)$ 的均方差 S_1:

$$S_1 = \sqrt{\frac{S_1^2}{n-1}} \qquad (3.45)$$

$$S_1^2 = \sum_{i=1}^{n} [\varepsilon^{(0)}(i) - \bar{\varepsilon}^{(0)}]^2 \qquad (3.46)$$

$$\bar{\varepsilon}^{(0)} = \frac{1}{n}\sum_{i=1}^{n} \varepsilon^{(0)}(i) \qquad (3.47)$$

两个均方差相比得 $c = \dfrac{S_1}{S_0}$,将每个数据带入计算小误差概率:

$$p = \{|\varepsilon^{(0)}(i) - \bar{\varepsilon}^{(0)}| < 0.6745 \cdot S_0\} \qquad (3.48)$$

最后依据模型精度检验分级表,如表 3.6 所列,检验 GM(1,1)模型的精度。

表 3.6 模型精度检验分级表

小误差概率 p 值	方差比 c 值	预测精度等级
>0.95	<0.35	Ⅰ
>0.80	<0.5	Ⅱ
>0.70	<0.65	Ⅲ
≤0.70	≥0.65	Ⅳ

注:表中级别越低,说明精度越高,Ⅰ级表示预测精度好,Ⅳ级表示预测精度不合格。若预测精度等级小于Ⅳ级,则可以使用灰色 GM(1,1)预测。即用

$$\hat{x}^{(0)}(n+1) = \hat{x}^{(1)}(n+1) - \hat{x}^{(1)}(n)$$
$$\hat{x}^{(0)}(n+2) = \hat{x}^{(1)}(n+2) - \hat{x}^{(1)}(n+1)$$
$$\cdots\cdots$$

作为数据 $x^{(0)}(n+1), x^{(0)}(n+2), \cdots\cdots$ 的灰色预测值。

综合上述过程可以得到基于蒙特卡罗仿真及灰色 GM(1,1) 的战时航材需求预测流程图,如图 3.11 所示。经过修正之后的灰色 GM(1,1) 预测方法通过蒙特卡罗仿真产生新的置入原始需求序列的信息,很好地增加了整个系统的白化程度,并且能够使得整个战时航材需求预测模型处于不断的动态更新当中,其需求预测结果的准确性比普通的 GM(1,1) 模型的结果的准确性明显提高。

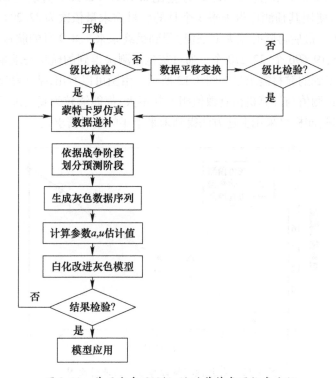

图 3.11 基于灰色 GM(1,1) 的蒙特卡罗仿真流程

3. 算例

某飞行团共有战机 24 架,为刚列装的新型战机,航材消耗数据较少,战机上安装的某一型号的航材近 6 个月的航材需求数据如表 3.7 所列。试预测该飞行团的战机在未来为期 3 个月的作战行动中此种航材的需求量。

表 3.7 航材需求数据

月份/月	1	2	3	4	5	6
需求数	8	7	9	13	12	15

考虑到数据个数较少,且没有明显的递进规律,于是使用灰色动态 GM(1,1) 模型预测,首先依次计算相邻月份之间的级比值。其中,3 月比 4 月的级比为 0.6923,并没有在 $(e^{-\frac{2}{6+1}}, e^{\frac{2}{6+1}})$ 之间,所以未能通过级比检验。

通过 MATLAB 编程逐个搜寻合适的常数 C,经计算给每个原始数值加上常数 15,使变换后的航材需求数列通过检验并使用其进行预测,代入模型当中计算可得 a 为 -0.0716, b 为 20.1375,方差比 $0.1047 < 0.35$。查表可知该模型预测精度良好,使用其预测可得未来 3 个月的航材需求量依次为 32.299 个、34.696 个、37.270 个。最后再同时减去 15,还原得到最终未来 7、8、9 月的航材需求,依次为 17.299 个、19.696 个、22.270 个。通过灰色预测法得到的航材需求量和通过蒙特卡罗仿真得到的航材需求量如图 3.12 所示。由图可以看出,基于蒙特卡罗仿真的灰色系统预测值与计算机仿真数值相差并不大,都能够较为真实地反映战时航材实际需求量,同样可采用上述方法得到未来半年的战时需求量。

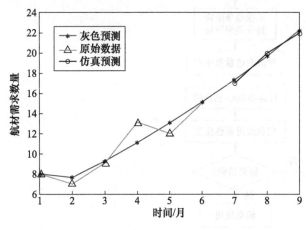

图 3.12 灰色预测与仿真预测结果对比图

3.7 大规模作战航材储备标准的仿真验证

假设大规模作战期限为半年,作战期间任务强度是平时的 2 倍,训练科目与战时基本一致,在此基础上即可利用平时的任务量、航材的故障率等数据对大规模作战航材储备量进行估算,也可以利用平时的训练计划估计大规模作战的任务计划,然后采用 OPUS10 软件对大规模作战航材储备标准的合理性进行评估与仿真验证,下面以 G 型飞机为例来说明对大规模作战航材储备标准进行评估与仿真验证的具体方法。

3.7.1 案例概要

某年 G 型飞机装备 24 架,根据近 15 年统计的单机年均飞行时间为 130 飞行小时,作战期间任务强度是平时的 2 倍,则大规模作战期间的单机平均飞行时间为 130 飞行小时;飞行模式为 6 机、3 机、1 机飞行,每次飞行持续时间约 2 飞行小时。

3.7.2 航材保障组织结构建模

目前,航材日常保障采用舰航器材处和场站航材股两级保障模式,基于 G 型飞机器材保障的特点,本书作以下设定。

(1) 场站航材股设为 1 个站点,即认为场站航材股之间调拨、借用航材不花费任何成本。在航材保障中,一旦某项航材发生短缺(即发生需求而场站航材股没有库存),则向舰航器材处申请,如果仍无库存,则要向工厂采购或由工厂抢修,同时产生缺材停飞。

(2) 假定舰航器材处和场站航材股之间信息和实物流转的时间均为 48 小时。即当发生航材需求,需要由航材处向场站航材股调拨航材时,运输时间为 48 小时;而场站航材股向航材处申请航材到得到答复的时间也为 48 小时。

(3) 将航材保障组织结构分为两级:第一级命名为"舰航器材处",此站点类型为基地,主要针对紧急航材调配,对航材分队进行供给,并进行航材的采购、修理和调配,所以其站点类型设置为 DEPOT;第二级命名为"场站航材股",此站点类型为基层,具备存储航材和申领航材职能,另外它负责大规模作战任务所需航材的供应,即提供飞机换件维修的航材,所以其站点类型设置为 STORE。

(4) 设立机场作为飞机放置地点,但是不能存储航材,可进行飞机换件维修,并为飞机分配飞行任务。设置站点"机场",是软件运行计算的需要,不是数学模型的需要。

主要输入数据如表 3.8 所列。

表 3.8　航材保障组织

站点名称	父级站点名称	站点类型	运输时间(往)/小时	运输时间(返)/小时
舰航器材处	—	STORE	—	—
场站航材股	舰航器材处	DEPOT	48	48
机场	场站航材股	OP	1	1

注:运输时间(往)是指从本站点到父级站点所需的运输时间;运输时间(返)是指从父级站点到本站点所需的运输时间

航材分队和航材基地之间的时间设置为48小时,是将航材的筹措管理等时间一并考虑计入运输时间。保障组织结构图如图3.13所示。

图 3.13 保障组织结构图

3.7.3 飞机构型数据

G型飞机构型数据中包含航材的编码、名称、型号、父系统、单价、类别、单机安装数、修理周期、故障数等信息项。其中"编号、名称、型号和单价为航材基本信息。航材父系统设为飞机,"类别"设为消耗件、可修件,无单机安装数的航材其单机安装数设为1。

据统计,G型飞机购置、消耗过的航材约400项,其中有近100余项为低值易耗品,如胶圈、垫片等,其标准一般制定的较高一些,案例中对所有航材均进行建模意义不大,因此在对飞机构型时不考虑这一部分航材。有部分航材有使用次数或时间限制的,属于到期更换航材,本次建模也不做考虑,如轮胎、软管、蓄电池等。

对G型飞机的航材保障数据和飞行数据进行研究分析后,选取近15年的航材消耗数据作为基础数据,结合部分航材的MTBF数据,最终确定了300项航材作为飞机构型建模对象。并依据消耗数据和飞行数据计算了航材故障率。

最终形成的G型飞机构型库包含300项航材,100项航材未包含在飞机构型库中。

3.7.4 维修信息设定

1. 飞机预防性维修

预防性维修指飞机进行日检/月检,小修/中修/大修等类型的维修。在统计消耗时,已经将预防性维修中更换的航材考虑在内。因此,为简化模型,案例中暂不考虑预防性维修。

2. 飞机修复性维修

假定所有飞机修复性维修均为换件维修(备件主管部门不关注不发生航材消耗的故障),方案中所有航材更换时间都按照1.5飞行小时计算。

3. 航材采购、修理

对于航材分队处理时没有的航材,向航材基地申领,如果航材基地也没有,则需要进行订购,订购周期设定为12个月,即假定大规模作战期间不订货,所需航材均提前筹措到位。修理周期均按实际统计的平均值设定。

3.7.5 任务数据

为方便对大规模作战任务进行建模,本书对大规模作战飞行任务进行了简化。本案例中对飞行任务建模如下:飞机型号为G,飞机总架数为24架,总飞行时间要求为3120飞行小时,任务周期为180天,任务计划以6天为1轮,重复30轮,具体计划如表3.9所列。

表3.9 飞行计划(1轮)

时间	飞机架数/架	任务持续时间/飞行小时	最小飞机架数/架	小时数/飞行小时
第1天上午	6	2	1	12
第1天下午	3	2	1	6
第2天上午	6	2	1	12
第2天下午	3	2	1	6
第3天上午	6	2	1	12
第3天下午	3	2	1	6
第4天上午	6	2	1	12
第4天下午	3	2	1	6
第5天上午	6	2	1	12
第5天下午	3	2	1	6
第6天上午	6	2	1	12
第6天下午	1	2	1	2

表 3.9 中第 1 天 9 架飞机飞行,持续 2 飞行小时,飞行中有飞机发生故障时其他飞机继续飞行,飞行任务不终止,其他如表 3.9 所列。6 天总飞行时间为 104 飞行小时,1 年总飞行时间为 3120 飞行小时。建立的基本任务模型和任务剖面如图 3.14 所示。

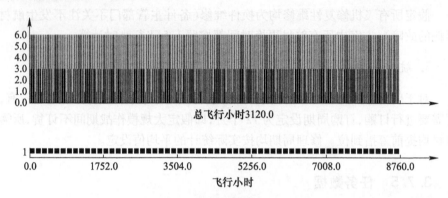

图 3.14 任务模型和剖面示意图

3.7.6 标准评估

大规模作战航材储备共有 300 项航材(不包括构型外航材)。假设大规模作战航材储备存储在基层级(场站航材股)仓库。通过应用 OPUS10 软件计算,大规模作战航材储备所能达到的航材保障良好率为 96.94%(图 3.15),基本可以满足 G 型飞机的航材保障需求。

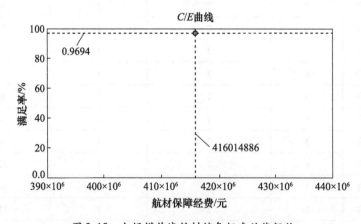

图 3.15 大规模作战航材储备标准效能评估

3.7.7 仿真验证

本案例对 G 型飞机的大规模作战航材储备上限和下限都进行了效能评估，为了验证评估的结果是否可靠，可根据 G 型飞机大规模作战的任务假定对其进行仿真验证。如果大规模作战航材储备下限可以满足要求，那么上限必定可以。因此，作者首先对大规模作战航材储备下限进行仿真验证，若验证结果成立则不再验证大规模作战航材储备上限。

图 3.16、图 3.17 显示了整个保障期间飞机的完好情况，由图可以看出，在不考虑非因缺航材停飞情况时，大规模作战航材储备所能保障的飞机整体完好率为 98.07%，完好率高于 80%，但是在飞机集中进行作战任务的时刻飞机完好率会低于 80%，最低点约为 75% 左右，需要在保障时重点关注。

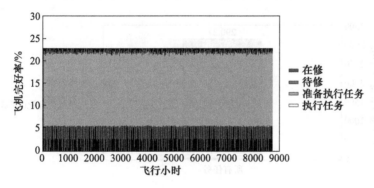

图 3.16 保障期间飞机完好率情况

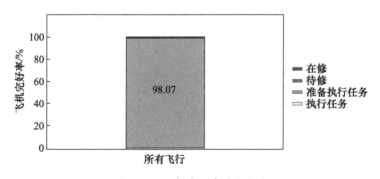

图 3.17 飞机完好率总体水平

案例中没有考虑非因缺航材造成的飞机不完好，所以实际保障过程中，飞机的完好率会低于 98.07%。

在整个保障过程中,完成的作战飞行时间数为2829.73飞行小时,未执行的飞行时间为290.27飞行小时,任务的完成率约为90.7%(图3.18、图3.19)。

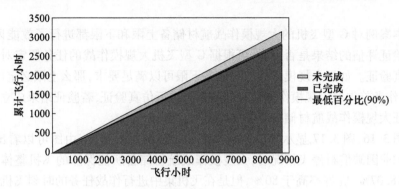

图3.18 大规模作战任务完成情况

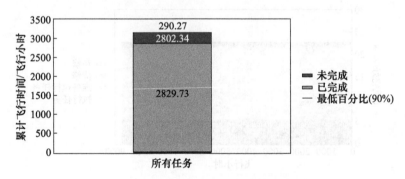

图3.19 大规模作战任务完成总体情况

第4章
大规模作战航材战场抢修保障

有效的战场抢修可以弥补装备的战场损耗,使部队战斗力得以持续,因此战场抢修是部队战斗力的倍增因子。大规模作战航材战场抢修保障作为大规模作战航材保障工作的一个重要组成部分,是提高大规模作战任务中飞机完好率、保持飞机战斗力的一项重要措施。从军事性上来说,加强航材战场抢修是确保航空装备恢复完好的最佳手段;从经济性上来说,加强航材战场抢修是解决经费有限、供需矛盾突出问题的有效途径;从技术性上来说,加强航材战场抢修是增强大规模作战航材保障能力的有效手段。因此,充分发挥机务维修保障能力,加强航材战场抢修保障,对于保证作战训练任务的完成具有重要作用。

面对我国复杂的周边形势,如何深化航材战场抢修改革,实现科学、高效、严格、正规的维修保障,提高航材战场抢修保障能力和效益,积极做好军事斗争准备,是一项现实而紧迫的课题。本章首先从承修厂修理、外场维修、场站航材股送修管理三个方面阐述了平时航材维修存在问题,然后从战场抢修相关概念、战场抢修发展概况、战场抢修体制三个方面对战场抢修进行了简要概述,其次对航材战场抢修特点及其与平时维修的区别做了说明,又从航材战场抢修领导小组、航材战场抢修办公室、航材战场抢修队三个方面阐述了航材战场抢修组织机构,最后从航材战场抢修工具箱、战场抢修保障装备两个方面阐述了战场抢修保障所需工装。

4.1 平时航材维修存在问题

4.1.1 承修厂修理存在问题

1. 航材修理周期过长

一些关键航材修理周期偏长已成为制约航材保障工作的瓶颈,主要有三个方面的原因。一是经济利益驱使。在市场经济环境中，一些承修厂只注重经济效益，忽略军事效益，对修理项目挑肥拣瘦的现象十分严重，对修理价高的航材抢着修，修理周期也有保证；而对修理价低的则积极性不高，造成待修航材在承修厂积压，航材修理周期变长。例如，对新机航材抢着修，而对老旧机种航材能推就推，能不修就不修，造成待修航材积压，供应尤为紧张。据统计，造成当前供应紧张的航材大多都是送承修厂修理积压的航材，甚至有些修理单位对个别航材自认为修理成本高，不管航材的价格昂贵与否，就随意作出不能修复建议报废的结论，造成不同程度的经济损失。如某承修厂承修某型飞机电台，该厂鉴定报废退回部队，部队人员又将其送其他厂修理，结果只花费了在承修厂修理价格的1/3就修好了。二是修理工艺、技术的制约。部分承修厂生产的航材只能由本厂进行修理，且多是生产和修理共线。而承修厂比较看重新品生产，就在一定程度上造成航材修理周期延长。三是对承修厂制约不够。目前，部队对承修厂修理周期过长的问题尚无有效的制约机制，修理合同一般也未明确航材修理周期，致使部分承修厂对缩短修理周期工作重视不够。四是定价机制不尽合理。有的航材故障比较简单，可能只需要进行简单的检测、检修或软件程序升级，甚至更换几个保险丝或电阻就能解决，但修理价格不变，承修厂获取的利润高；有的航材需要更换较贵的零备件，维修成本达到或超过修理价格，承修厂利润很少或根本无利润，组织修理的积极性就不高，修理质量和周期等就会受到影响。

2. 航材返修率偏高

有些承修厂存在修理工艺、技术标准不全，缺少仪器设备、修理零备件，修理人员技术水平偏低等问题，不能满足修理工作基本条件，使航材修理质量得不到保证。有些航材因修理质量不合格，无法装机使用，有些修复件甚至连续装机几个都有故障。造成航材返修率偏高的主要原因有：①新机机载设备技术含量高、结构复杂，部分修理单位未吃透技术原理和修理工艺，造成修理质量不高；②受生产设计和制造水平限制，部分航材固有可靠性不高，承修厂在修理过程中也未制定提高航材可靠性的针对性措施，只是排除故障，装机后很快又出现故障，造成反复送修，既影响保障又损失财力；③一些出厂时间早、使用时间长、翻修次数多的老旧航材可靠性下降、故障频发，造成返修率高。

3. 进口航材修理渠道不畅

进口航材修理渠道不畅的原因有：①部分进口航材目前尚无国内修理厂家。主要原因是缺检测设备、技术资料不全、缺修理零备件、技术力量不足等，如不抓紧解决,将影响下一步的保障工作;②修理备件依赖进口,导致航材修理进度慢、周期长。如某型飞机的柱塞泵就多次因为承修厂缺少修理零备件而导致供应紧张;③进口航材修理审批程序规定制约。国内尚无法修理的进口航材需委托第三方有资质的单位送国外修理,延长了航材的修理周期。

4. 承修厂评审机制不完善

现行的对承修厂进行集中统一定点评审机制,决定了评审机构无法对承修厂的修理条件进行全面、深入的了解,较难把握承修厂的修理能力。这就在一定程度上造成了个别具备修理能力的厂家无法承修,不具备修理能力的厂家却承修了,导致航材修理质量得不到保证,甚至重新送修。例如,上级业务主管部门与某承修厂签订了某部件修理合同,但承修厂不能满足该航材的基本修理条件而无法履行合同,这就在一定程度上影响了航材的修复率。

4.1.2 外场维修存在问题

1. 航材检测设备配备不全

因缺少仪器设备,外场无法判断检测故障现象及原因,无法为航材修理提供详细的故障信息,航材到承修厂后需进行全面检测,增加了承修厂的工作量,也拖延了航材修理进度。

2. 无明确修理工作规范

当前外场修理无明确的修理航材的工作规范,外场人员在开展修理过程中,想打开航材试修又没有明文规定,常遇到能修理但因规定不能修理,主要原因是航材修复使用出现问题、责任承担等划分不明确,造成机务人员对航材修理望而却步。

3. 无完整修理机构

目前,基层级修理厂主要是进行飞机定检、特检、换发等工作,没有专业的修理加工零备件机构。

4. 缺少专业认证资质

基层级修理厂的主要职责是进行飞机定检、特检、换发等工作,没有专门的航材修理、零备件加工机构,修理人员缺乏权威部门认可的修理资质。

5. 报批修理程序复杂

以往航材申请修理需要经过逐级申请报告、等待上级批复,之后再进行航材筹措和修理,整个修理过程长,手续繁琐。特别是进口机型的航材储备少,若修理周期长,将严重影响航材保障良好率。

4.1.3　场站航材股送修管理存在问题

航材股航材送修跟踪不到位。航材从使用到回收,从送修到修理,从修复到返回,涉及的单位、经手的人员、中间环节都比较多,管理工作较为复杂,做好航材修理工作单靠个别部门或单位是做不到的。从目前的情况看,问题主要有以下几点。

(1) 机务交旧不及时,交回的待修品缺件、缺技术文件、故障现象填写不全不清的现象较为严重,同时欠旧长期不交的问题也经常发生。

(2) 旧品收回后入库保管不认真,存在把待修品不当回事、未按规定及时送修的现象。

(3) 送修后不管,没有认真落实跟踪管理规定。时间一长,既不知送出多少,也不清楚是否返回。

(4) 无齐全的修理备件。经调研航材股存放的修理备件不够齐全,有时修理时只能违反规定从故障件上串件。

4.2　战场抢修概述

4.2.1　战场抢修相关概念

现代战争中装备的作战损伤比例越来越大,而装备又难以补充,所以各国军队都在加紧研究战场抢修问题,目的是通过修复装备来保持和恢复部队战斗力。

战场抢修,也称战伤评估与修理,是指在战场上运用应急诊断和修理技术,迅速对装备进行评估并根据需要快速修理战伤部位,使装备能够完成某项预定任务或实施自救的活动。而航材战场抢修则是部队在战场上进行的航材维修活动,以恢复参战飞机的作战能力。

4.2.2 战场抢修发展概况

据研究,战场抢修最早是第四次中东战争由以色列实施的。在这次战争中,以色列成功实施了靠前修理,在24小时内使80%的损伤坦克和72%的损伤飞机恢复了作战能力。在战争结束时,以色列仍有60%的飞机保持着作战能力。如果不进行战场抢修,战争进行到第10天时以色列可以作战的飞机可能会不足10%[135]。美军受到以色列战场抢修的启发开始对战场抢修进行系统研究。美国国防部于1982年制定并颁布了《战场损伤评估与修复纲要》,建立了完善的理论体系,从训练、体制等方面着手,全面提高战场抢修水平,并在海湾战争、科索沃战争、阿富汗战争、伊拉克战争中都得到了实战检验。例如,美军在海湾战争中组建了4个抢修分队,对6个中队共144架A-10飞机进行保障,保证了70架战伤的A-10飞机得到及时抢修。由此可见,战场抢修对战争期间保持较高的装备完好率具有极其重要的作用。

美军的战场抢修理论分为两部分:一是装备可抢修性理论,该理论是从装备的全寿命出发,在设计阶段就重视战场抢修工作,把可抢修性和可靠性、维修性、保障性等性能一并考虑;二是战场抢修理论,主要研究如何有效地组织实施装备的战场抢修工作(包括战场抢修的组织管理、抢修技术等),是对可靠性、维修性、维修工程和综合保障等理论的补充、完善和发展。

我军也开展了战场抢修研究。例如,空军工程大学就制定了《空军飞机战伤抢修研究规划》,编制了有关规程,并进行了战场抢修演练;空军第一航空工程学院开展了"飞机战伤评估研究""飞机战伤抢修工艺"等研究;第二炮兵工程学院编写了三种装备的战场抢修手册等。我军对装备的可靠性、维修性、保障性比较重视,但是对装备的可抢修性以及装备备件的可抢修性的重视程度也日益增强。

未来战场抢修的发展趋势主要是智能化、信息化和模块化,这是战场抢修理论及应用研究的主要方向。

4.2.3 战场抢修体制

战场抢修体制与平时的装备维修体制类似。美军战场抢修全面采用了军地一体化战场抢修保障模式,只是不同军种的战场抢修体制有所区别。例如,美国陆军实行四级战场抢修体制,包括基层级、直接支援级、全面支援级、基地级;美国空军实行三级战场抢修体制,包括基层级、中继级、基地级;海军装备一般在国内或者国外基地(码头)由军方和地方技术人员实施维修。

美军对每一级的抢修机构规定了不同的战场抢修时限,而且一般要求在作战区域内装备发生故障或受损的现场或附近进行维修;如果战场抢修不能修复或修复耗时较长,则将装备紧急后送上级修理单位修理。但对于新型装备,由于性能先进、技术复杂,军方一般只能使用而不具备抢修能力。美军对这类装备实施"谁设计谁生产谁抢修"的原则,将其战场抢修保障工作交给设计和生产厂所直接负责,由这些厂所提供前置抢修力量和远程技术支援。

美军的战场抢修体制对大规模作战航材战场抢修组织管理具有一定的借鉴价值。例如,可以根据我军的装备维修体制,利用机务人员以及地方工厂技术人员组成基层级抢修力量,前置到战场提供抢修保障服务;同时利用部队大修厂和地方飞机设计所、生产厂、航空院校等单位技术人员组成基地级抢修力量,为战场抢修提供远程技术支持;而对于新型飞机,可以采用与美军相同的办法,由地方飞机设计所、生产厂直接负责抢修保障工作。

4.3 航材战场抢修特点及其与平时维修的区别

4.3.1 航材战场抢修的特点

大规模作战航材战场抢修任务重、难度大,主要呈现以下特点。

(1)专业门类杂,对抢修能力要求高。随着高新技术的广泛应用,航空装备逐渐发展为集机械、电子、通信、自动控制等技术于一体的综合性系统,种类繁多、结构复杂,其战场抢修的难度非常大,需要多方面的专家和技术骨干合作才能完成。

(2)打击精度高,航材抢修难度增大。现代战争中精确制导弹药等高新武器的使用,其打击精度和破坏程度均大大增加。有些飞机处于战场前沿,隐蔽性差、自身防护能力弱、维修保障困难,战时航材作战损伤数量将进一步增大,抢修难度加大。

(3)战场态势多变,抢修时效性要求高。现代战争中,航材战场抢修的时效性非常重要。美军在伊拉克战争中,其战场抢修分队与战斗部队实行"贴身部署"。由此可见,在战场上实施前置抢修是非常有必要的。为此,应加强航材战场抢修理论和技术研究,积极开展航材战场抢修训练,扎实做好战场抢修战备工作。

4.3.2 航材战场抢修与平时维修的区别

战场抢修保障与平时维修保障都是通过排除航材故障来恢复部附件功能的,都隶属于维修。但是,战场抢修作为一种特殊的维修,具有特殊的任务背景和要求,它与平时维修是有很大的区别,如表4.1所列。

表4.1 战场抢修保障与平时维修保障的主要区别

类型或因素	战场抢修保障	平时维修保障
保障的数量和强度	航材的损坏率明显增大,损坏程度复杂,必须快速、高效地对战伤航材进行抢修	损坏率低,主要对航材进行擦拭、调整、检查、紧固,补充消耗,排除简单故障等
保障速度	航材供应力求做到适时、适地、适量;设计时需考虑可抢修性,以确保抢修快速、及时、高效	可用的时间相对来说比较长,在航材供应与维修的速度要求上不是很严格
保障技术	战场抢修保障应尽量靠前,聚焦于主战航材和高技术航材保障,迅速修复并重新投入使用	协调各方面的技术力量,合理使用技术设备,实施全领域、全系统协作
保障目标	恢复和保持飞机性能,保证较高的重复参战率和持续参战率,从而保证军队的战斗力	保持飞机较高的航材保障良好率,保证航材良好的性能状态,随时为遂行作战任务做准备
保障内容	合理配置和正确运用保障力量组织航材保障和防卫行动,提高航材保障效率;实施航材的补充、供应和抢修	为部队调配航材,确保合理储备,保障战备和训练任务需要;运用现代科学技术和有效的保障方式、手段,对航材实施全系统、全寿命的技术服务和管理

战场抢修的指标是以最快的时间恢复要求的功能状态,即恢复航材的战场再生能力,这不同于平时维修性中的战备完好性指标。平时维修是按规定的维修标准对航材的维修,抢修强调的则是尽快恢复装备的一定功能。相对于平时维修,战场抢修的人员、场所、方法、工具、环境方面更加随机紧急;平时维修一般注重费用限制,对时间要求不高,但是抢修则不注重费用,而是对时间有更高的要求。由此可以看出,抢修区别于一般的维修,具有独特的特点和规律。

4.4 航材战场抢修组织机构

航材战场抢修任务十分艰巨,工作环境极为复杂,应将地方厂所(包括飞机设计所、生产厂、承修厂)统一纳入进来,成立军地一体化的战场抢修领导小组、战场抢修办公室和战场抢修队,负责各项勤务保障工作的统一组织、指挥和实施,为战场抢修工作提供高效能的组织保障。

4.4.1 航材战场抢修领导小组

航材战场抢修领导小组组成如图4.1所示。

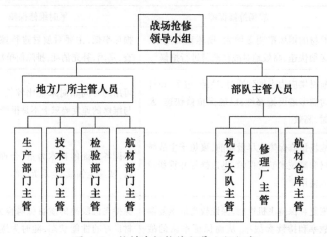

图4.1 航材战场抢修领导小组组成

航材战场抢修领导小组主要由地方厂所和部队主管人员组成,其中地方厂所主管人员主要由生产、技术、检验和航材等部门主管人员组成,部队主管人员主要由机务大队、修理厂和航材仓库等部门主管人员组成。

1. 平时职责

航材战场抢修领导小组负责执行上级机关有关战备工作的指示,确保航材保障工作的落实并使其处于良好状态,组织编制战伤航材战场抢修技术手册,开发新的抢修手段和方法,进行战伤飞机抢修演练,不断提高抢修技术水平。

2. 临战状态职责

领导小组成员及战场抢修办公室处于全天值班状态,有关人员与抢修队处于一小时内待命出发状态;组织进行航材以及抢修、运输和装卸工装检查;根据上级指示和地方厂所实际情况及时处理有关问题。

3. 战场抢修职责

接受上级指令,下达战伤飞机抢修命令,指导办公室开展抢修组织工作;协调地方厂所生产急需的零备件,组织技术力量、航材、设备支援前方抢修队;与上级保持联系,及时请示汇报工作,向抢修队传达上级指示;分析战争情况,研究下一步保障措施;组织处理其他善后事宜。

4.4.2 航材战场抢修办公室

航材战场抢修办公室组成,如图4.2所示。

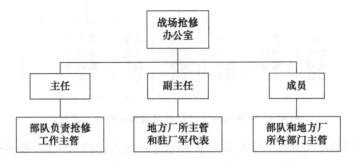

图 4.2　战场抢修办公室组成示意图

航材战场抢修办公室主要设置主任、副主任和成员,其中主任由部队负责抢修的主管人员组成,副主任由地方厂所主管和驻厂军代表组成,成员由部队和地方厂所各部门主管组成。

1. 平时职责

根据领导小组指示,建立抢修技术资料电子文档;建立抢修、运输和装卸工装档案;编制抢修航材供应方案;编制战场抢修保障演练方案,协助领导小组实施等。

2. 临战状态职责

全天值班,接受领导小组临战状态指令;集合抢修队人员,部署航材以及抢修、运输和装卸工装,确保其处于待命状态,组织抢修队开赴指定地点等。

3. 战场抢修职责

全天值班,保持与领导小组的联系畅通;及时收集抢修队信息、汇报抢修情况;组织后方支援力量,及时向前方提供航材等。

4.4.3 航材战场抢修队

部队与地方厂所联合组建一支由多个抢修分队组成的航材战场抢修队（图4.3），航材战场抢修队具体包括飞机结构、发动机、导航系统、操纵系统、液压系统、燃油系统等抢修分队。

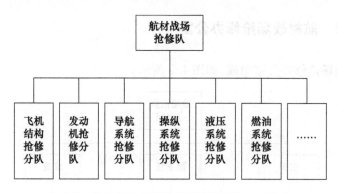

图4.3　部队与地方厂所航材抢修队组成示意图

抢修领导小组和办公室统筹部队和地方厂所抢修技术人员，按照航材战场抢修内容，给各抢修分队分别配备高素质复合型抢修技术人员。应根据大规模作战需要将抢修队部署于一线作战部队，以前置抢修力量，确保战场抢修做到两"快"：一是"快速反应"；二是"快速完成"。这是战场抢修保障工作的核心目标。

1. 平时职责

对航材以及抢修、运输和装卸工装的准备和完好情况进行检查；进行一专多能抢修训练；协助编制战伤技术资料；创新抢修手段和方法，以提高战时的抢修能力。

2. 战时职责

评估飞机战斗损伤的程度及对飞机执行任务能力的影响；评估航材战场抢修能力和修复所需的时间；携带抢修设备、工具和航材；完成战斗损伤飞机航材的战场抢修；确定飞机的完好程度和技术状态，提出抢修完成后飞机的使用技术要求。为便于具体实施，必须制定战场抢修预案，见"附录　某航材战场抢修预案"。

4.5 航材战场抢修保障工装

4.5.1 战场抢修工具箱

战场抢修工具箱包含了不同抢修任务的配套工具和设备。航空装备战场抢修应配备的工具箱主要有旋翼抢修成套工具箱、电气设备抢修成套工具箱、飞机结构抢修成套工具箱、机载设备抢修成套工具箱、通用成套工具箱等,要求轻便实用。

美军在海湾战争"沙漠盾牌"行动中,坦克机动车辆司令部及航空界紧急筹建了1050套战场抢修成套工具箱和其他抢修工具箱,美军还针对飞机易损机体结构(如整体油箱、发动机、附件机匣、座舱盖玻璃等)的抢修积极进行各种新技术、新工艺、新工具箱的开发、研制与应用,这些工具箱在战场上得到了广泛应用,有效保证了战时装备的完好率。

我军在战场抢修工具箱方面也做了一些研究与工作,如研制了军械装备战场抢修器材箱、某型武器战场抢修工具箱等。但是,现有的抢修箱还不能满足大规模作战战场抢修需要,还要进一步深入研究各种岸基飞机和舰基飞机的任务特点,针对易战损、战伤的重要机体结构和机载设备研制配套的抢修工具箱。

4.5.2 战场抢修保障装备

抢修保障装备可分为抢修车、抢修直升机和抢修运输机等[136],下面分别进行介绍。

(1)抢修车适用于近距离抢修,本场抢修人员、设备可随车走,使用方便。例如,我军研制并配发了军械装备轻型抢修车、应急修理分队抢修车、自行火炮抢修车等。

(2)抢修直升机是一种机动灵活的运输工具,适用于野外快速投送抢修,在装载抢修工具设备的同时可搭载少量抢修人员,便于在战区内执行特殊维修任务。

(3)抢修运输机既可以装载抢修工具和设备,又能搭载抢修人员,适用于跨战区的远距离抢修支援和大规模战场抢修。

根据大规模作战强度高、航空装备损伤重、作战区域远离本土或者在远海作战等任务特点,适合研制抢修直升机或以直升机为运载工具的抢修方舱(包含抢修工具、设备、航材等),其次是以快速战斗支援舰为运载工具的抢修方舱。后者的优点是载重大,可以运输更多的抢修工具、设备、航材,但是速度不如直升机。

第5章
大规模作战航材保障模式

随着新世纪新阶段军队历史使命的不断拓展和军事斗争准备的深入推进，大批高新技术武器装备陆续配发部队，现代战争形态正由机械化战争转化为信息化战争。信息化战争突发性强、作战周期短、物资消耗量大，对航材保障的时效性要求高，仅靠军队自身保障远远不能满足战争需要。必须充分发挥人民战争的威力，以国家经济实力为后盾，以国防潜力为支撑，采用多样化的航材保障模式开展军地一体化综合保障是航材保障的发展趋势和大规模作战航材保障的迫切要求。

目前随着我国经济高速发展，国际贸易持续增长，互利共赢的开放战略不断深化，中国经济的发展越来越融入世界经济的发展中，不断为全球发展释放着影响力。在复杂多变的国际形势下，我国在西太平洋和北印度洋等多个方向的国家安全利益、海外经济利益受到越来越多的威胁。为了保卫我国的国家利益、维护世界和平稳定，必须将我国海军"走向深蓝"战略不断推进。这就意味着，远海作战将成为我军未来所面临的重要任务形式。

远海作战是指海军远程作战力量在近海以外海域独立实施的防卫作战行动，是一种比较典型的大规模作战样式。远海作战航材保障的对象主要是航母编队和两栖编队舰载机，作战海域远离本土，补给时间长，补给任务重，我军现有的航材保障模式尚无法满足远海作战航材保障需要[137-138]。从发达国家经验来看，建立多种保障模式，综合运用各个途径的保障力量，是海军远海作战航材保障的必由之路[139-141]。因此，亟须探索更多的远海作战航材保障模式，这对于我国海军尽快形成远海作战能力、真正发挥保卫国家海外利益的作用具有重要意义。

本章首先从航空装备维修作业一般模式、美国海军航空装备维修体制演变、军用飞机维修级别及其承担任务、民用飞机维修级别及其承担任务四个方面对航空装备维修体制进行了简要概述。然后针对我国面临的海上威胁，从远海作战航空装备器材保障机构、远海作战航材军内保障模式、远海作战航材军地一体化保障模式三个方面重点研究了远海作战航材保障模式。因为不同作战样式的航材保障模式具有较大的相似性,因此本章所提出的远海作战航材保障模式对其他大规模作战样式的航材保障模式也具有较高的参考价值。

5.1 航空装备维修体制概述

5.1.1 航空装备维修作业一般模式

航空装备维修作业一般模式有两种。

(1)三级维修作业模式,包括基层级维修、中继级维修和基地级维修[142]。其中,舰基航空装备的基层级维修也称为舰员级维修。

(2)两级维修作业模式,包括部队级维修和基地级维修两级。部队级基本具备三级维修体制中的基层级和部分中继级维修能力。

5.1.2 美国海军航空装备维修体制演变

美国海军航空装备的维修体制,经历了由三级变两级,再由两级部分变回三级的过程。目前,美国海军航空装备的维修体制处于三级维修体制与两级维修体制并存状态,其中一些新型飞机如F-35等飞机的维修保障完全实行两级维修体制[143]。美国军队推进军事转型中把三级维修体制转变为两级维修体制的主要理由是,三级维修体制依赖后送系统,而未来作战环境可能是非连接性的作战地区,交通线长而且经常没有安全保障,需要对自身提供保障,保持中继级维修保障能力所需费用极为昂贵。因此,两级维修体制有利于减少中间环节、提高供应效率,是世界军用装备维修体制发展的主要趋势。但是,具体采用何种维修体制不能一概而论,还需要根据平台和任务需要灵活设置。例如,本土基地维修力量应达到基地级维修能力,航空母舰舰基维修力量至少达到中继级维修能力,航母编队伴随保障力量应达到部分基地级维修能力,驱护舰舰载机则只需要达到基层级维修能力。

5.1.3 军用飞机维修级别及承担任务

1. 基层级(舰员级)维修

基层级维修是装备维修保障最低一个层级的保障。该层级承担的装备维修保障任务主要是：

(1) 对飞机上的武器、机械和设备定期进行擦拭、维护、保养,如清洁和妥善保管;系统和部件的常规计划维护,如检查、系统可操作性测试和诊断、润滑、校准和清洁。

(2) 修复性维修,更换简单的零件,排除简单的故障,以及对其进行预防性检修,如将飞机机体、机械、电气和电子故障定位到最小可更换单元的级别、微小电子器件维修、部件更换,以及在某些情况下对部件进行就地拆卸和维修以使其恢复运行。

(3) 协助更高级别的维修机构开展维修,包括自我保障和自我评估,即在进行区域检查、维修计划执行或设备监控期间,对指定部件评估,发现并识别设备或系统运行中出现的低于设计标准或规格的明显故障模式或症候,将其上报。

(4) 对其他机构完成的维修进行检验和质量保证,防止微小缺陷发展成为影响作战和装备安全问题。

基层级维修以原位维修为主。岸基飞机基层级维修主体为外场机务大队和修理厂。舰基飞机舰员级维修主体为配置在作战舰艇上的装备维修保障力量,主要是指大型作战舰艇编配的装备维修保障力量,随舰艇行动,实施即时维修保障。

2. 中继级维修

中继级维修的基本任务是对舰艇定期进行难度较大的修理,或更换大型部件和总成,是介于基层级与基地级之间的维修,也就是承担超出了基层级装备维修能力和设施支撑而低于基地级装备维修能力和设施支撑的维修任务,该层级承担的装备维修保障任务主要包括以下几种。

(1) 预防性维修。

(2) 修复性维修。

(3) 测试和检查。

(4) 设施改建。

(5) 对电子电路板、元件、模块、部件、其他设备进行维修。

(6) 对仪器和设备进行校准和修理。

(7) 协助对可更换的失效部件或组件进行紧急修理和制造。

中继级维修以离位维修为主。岸基飞机中继级维修主体为部队大修厂、部附件生产厂和承修厂。舰基飞机中继级维修主体为配置在作战舰艇编队的装备维修保障力量,主要是指随航母编队和两栖编队在海上活动的装备维修保障力量,可以随航空母舰和两栖攻击舰行动,也可以部署在维修供应船上,伴随作战编队行动,为舰载机及时提供损伤修理、紧急抢修等。

3. 基地级维修

基地级维修是指对飞机、部附件进行大修、升级或改造以及必要的装备测试与回收,是最高一层级的装备维修保障。

基地级维修所需的技能、设施或能力,超出了基层级和中继级维修的水平。通常,基地级维修由部队大修厂、飞机生产厂完成。

5.1.4 民用飞机维修级别及承担任务

民用飞机的维修级别一般分为三级,即基层级、中继级和基地级。根据维修的不同深度、广度、技术复杂程度和维修资源等因素,民用飞机的修理级别分别为航线级、车间级和基地级。其中,航线级即基层级,车间级即中继级[144]。

1. 航线级

航线级等级维修(第一级)的目标是使故障飞机保持可用。这意味着当故障发生时,由维修人员在故障飞机上对 LRU 或组件实施快速且简单的更换。航线级维修一般是原位维修。

该层级承担的维修任务主要包括以下几种。

(1) 航前、航后检查。
(2) 功能检查。
(3) 故障排除。
(4) 预防性维修。
(5) 修复性维修(通过更换和调整系统进行修理)。
(6) 软件加载(运营和工程)和数据检索。
(7) 简单改装。

航线级等级维修时,飞机一般不进入车间,在航线上直接对飞机进行维护保养和修理。

2. 车间级

车间级等级维修(第二级)的目标是保持最高可用性等级。

车间级等级维修是在航线级进行更换之后,将从航空器上拆换下来的机件送到车间进行修理或翻修,可能会实施试验台测试或综合测试。

该层级承担的维修任务主要包括以下几种。
(1) 组件和部件级修理。
(2) 中等的结构修理。
(3) 中等的改装。
(4) 对第一级维修机构的技术援助。
(5) 有关工程数据的软件服务。

车间级维修包括修复性和预防性维修以及特殊维修,维修活动包括离位修理和原位修理(在维修期间,飞机将无法使用)。

3. 基地级

基地级等级维修(第三级)的目标是确保产品的最高可用性,并为运营方面提供工程保障,应确保完成所有超出了第一级和第二级能力的修理和大修活动。

该层级承担的维修任务主要包括以下几种。
(1) 完全修复的修理。
(2) 需要特殊或稀有技能或保障设备的修理。
(3) 重大结构修理。
(4) 重大计划检查。
(5) 大范围改装和升级。
(6) 为第一级和第二级维修机构提供技术援助。
(7) 软件改装。

基地级等级维修在维修基地中实施。维修基地具备大型维修工具和机器以及维修厂房,负责飞机的定期维修、大修,以及拆换大型部件和改装。

5.2 远海作战航空装备器材保障机构

远海作战海军航空装备器材保障的主要工作包括两个方面:一是海军航空装备维修和器材管理;二是海上运输保障。远海作战海军航空装备器材保障力量的主体是海军建制后勤保障力量(包括保障机构、保障设施、保障装备和保障力量)。但是,由于远海作战物资补给任务非常繁重,仅靠海军建制后勤保障是不够的,还要依靠多军种联勤保障以及充分利用地方保障力量实施军地一体化联合保障才能够满足远海作战物资运输需要。下面主要结合美国海军航空装备器材保障和海上运输保障机构设置情况,对海军航空装备器材保障机构、海军海上运输保障机构进行详细介绍。

5.2.1 海军航空装备器材保障机构

1. 美国海军航空装备器材保障机构

美国海军航空装备器材保障体制对我军航空装备器材保障体制构建有着较高的借鉴价值,下面进行简要介绍。

美国海军航空装备器材保障机构按级别从上到下依次为海军供应系统司令部、武器系统保障部、海军装备器材库存控制站、海军装备器材库存点、舰基器材管理分队(指航空母舰和两栖攻击舰上的器材管理单位)。

海军供应系统司令部负责美国海军装备器材供应保障管理,与军事海运司令部、设施工程司令部构成了美国海军后勤的三大支柱。海军供应系统司令部与器材保障有关的职能主要包括:负责为海军的飞机、水面舰艇、潜艇及其武器装备提供后勤供应链服务、基地管理与港口勤务保障以及补给物资的运输协调、仓储与管理。

美国海军装备器材库存控制站是海军供应系统司令部下辖的器材管理机构,包括武器系统保障部费城办公室(原航空供应办公室)和武器系统保障部梅卡尼克斯堡办公室(原海军舰船零部件控制中心),其职责是对库存器材进行定位管理,通过库存报告系统对器材供给作业进行控制,为供应系统及其客户提供技术援助和分类服务。器材主要储备在由库存点组成的配给系统内。

海军装备器材库存点(也称舰队后勤中心)负责为舰队、海岸机构和海外基地提供多种后勤保障。舰队后勤中心根据库存限额,通过采购、接收、储存、发放和运输器材等业务来管理舰队的最终使用器材。舰队后勤中心是舰队、海岸机构和海外基地的一线保障单位。美国海军不仅在国内设有舰队后勤中心,在海外也设立了珍珠港舰队后勤中心、横须贺舰队后勤中心等7个舰队后勤中心。舰队后勤中心负责确定器材需求,处理器材的申请、供应和取消程序,储存、包装和运输器材等。

舰基器材管理分队属于航空母舰或者两栖攻击舰航空部门所属的维修部门,负责向舰队后勤中心申领补充、存储保管和对下分发器材等工作。美军驱护舰上一般没有编配器材管理人员,只携带舰载机维修器材,由维修人员直接管理。

2. 我国海军航空装备器材保障机构

对比我国海军和美国海军航空装备器材保障机构职能后发现,两军的保障机构有一定的相似性,例如,我国海军装备部大致相当于美国海军供应系统司令部,海军装备部航空装备局大致相当于美国海军武器系统保障部费城办公室,舰队机关大致相当于美国海军装备器材库存控制站,综合保障基地大致相当于美国海军舰队后勤中心,舰基器材管理部门大致相当于美军舰基器材管理分队。

与美军相比,我国海军航空装备器材保障部门的职能还不完善,作用发挥不足。例如,综合保障基地、舰基器材管理部门主要还是承担近海航空装备器材保障任务,在器材保障方面的职能有限,尤其是综合保障基地与美军舰队后勤中心、舰基器材管理分队的作用发挥差距较大,尚不能满足远海作战航空装备器材保障的需要。由于远海作战任务条件下的航空母舰和两栖攻击舰舰载机及其维修器材都将长期驻舰,远海作战期间的远程技术支援、直接机动补给、分段接力补给等都需要综合保障基地提供强有力的维修与器材支援保障。因此,应借鉴美国海军航空装备器材保障体制,积极拓展综合保障基地、舰基器材管理部门的职能,加强海军航空装备维修与器材保障力量的建设,完善海军航空装备器材保障运行机制,确保在未来任何时候都能够较好地完成远海作战航空装备器材保障任务。

5.2.2　海军海上运输保障机构

远海作战期间航空装备器材消耗巨大,仅依靠航母编队、两栖编队及其伴随保障舰船所携带物资器材是无法满足的。因此,在作战过程中需要经常进行物资器材补给,而且补给周期很短、补给次数较多、补给任务繁重,这就需要大批运输舰船来承担。

美国海军因为经常进行远海作战,其物资器材补给就是采用军事海运司令部所属的大量运输舰船实施的。下面对美国海军军事海运司令部的基本任务、主要舰船以及联勤保障机构进行简要介绍。

1. 美国海军军事海运司令部基本任务

军事海运司令部的基本任务是实施战略海运、直接舰队保障和特种任务保障,具体如下。

(1) 战略海运:通常包括部队装备、弹药、油料和其他补给品的运输,军用物资的海上预置以及舰载物资向岸上转运。

(2) 直接舰队保障:是指向美国海军的战斗舰艇提供油、弹药、食品、零配件、拖拽勤务和海洋监测勤务。

(3) 特种任务保障:包括海运勘察、海运研究、海底电缆铺设和修理等勤务。

2. 美军联勤保障机构

军事海运司令部既承担海军物资运输与补给任务,还担负着海军陆战队、陆军和空军重型装备、物资的战略海运和海上预置任务,以及国防部赋予的其他职能。与海军物资器材保障、装备维修保障等相比,海上运输勤务的指挥层次较高。因此,美国海军海上运输力量纳入联勤保障体制进行管理,海上物资运输的组织由直属国防部的运输司令部统一指挥和调配。

国防部、运输司令部和海军军事海运司令部是与海军航空装备器材保障密切相关的联勤保障机构。运输司令部是美军九大作战司令部之一,在国防部指挥下负责在平时和战时为美军提供战略战役层次的陆、海、空军运输保障。在建制上,各军种运输部队归各军种部管辖,负责平时的建设管理。战时运输司令部对海军军事海运司令部等各军种运输部队拥有指挥权[145]。

联勤保障力量除了各军种的建制后勤保障力量,还包括民间保障力量。美国海军的物资采购、仓库管理、装备和设施维修以及运输等勤务保障,相当部分是由民间力量来承担的。

3. 美军联勤保障主要舰船

联勤保障舰船包括海上预置船、快速海运船、后备役海运船等建制后勤保障力量,以及受海军管辖的民用舰船、征用的民用船只、租用的外国商船等民间保障力量。舰船的种类包括补给舰、供油船、预置船、快速海运船、拖船、海洋监测船、海运勘察船等。

5.3　远海作战航材军内保障模式

5.3.1　岸基保障模式

岸基保障是海军最基本的保障模式,是指通过岸上基地设施进行物资收发和实施维修、维护等勤务活动的保障模式。岸基保障的主要内容包括驻泊和驻屯保障、维修保障和物资保障等。

国内外航材岸基保障模式主要包括本土基地保障、国内岛礁保障和海外基地保障,均建有物资仓库,可储备包括航材在内的大量物资。例如,位于美国本土的诺福克海军基地设有66座大型仓库,储备的物资达62万余种;珍珠港设有两座大型仓库,储备物资达7.9万种;日本横须贺海军基地设有20余座大型仓库。

岸基保障维修地点都比较固定，但是本土基地保障、国内岛礁保障和海外基地保障的力量配置和维修保障能力有所区别，下面进行详细介绍。

1. 本土基地保障

本土基地保障主要是建制保障、区域保障。其中，建制保障是编队出航前或返航后，编队舰载机由原建制保障单位负责保障的模式；区域保障是在编队出航前或返航后，统筹考虑区域内保障情况和资源，对编队舰载机实施统一保障或修理的保障模式。

本土基地保障力量主要是实施中继级维修和基地级维修的装备维修保障人员和维修保障设施设备等。这种装备维修保障力量的配置，适合维修损坏较为严重、维修时间较长和维修级别较高的装备。本土基地保障具有维修保障力量较强、技术水平较高的特点。

本土基地保障力量主要配置在国内的综合保障基地、编队舰载机的驻屯机场、部队大修厂以及地方飞机设计所、生产厂、承修厂等单位。

2. 国内岛礁保障

对于战略价值较高的岛礁，应重点建设，目标是战役级别的海空基地、指挥通信中心和前沿侦察检测中心。这样的岛礁基地可以作为航母编队和两栖编队进行远海作战的重要战略支点和联系本土与外部力量的关键枢纽，能够为编队进行远海作战提供必要的维修保障和物资补给，可以大大缩短本土岸基保障的距离和时间以及提高编队前出远海作战的突然性；另外，驻岛机群的作战和防卫区域覆盖岛礁周边的大片海域，使岛礁基地具备较强的防御能力，同时也为远海保障力量投送与物资补给提供了安全的海上通道。

国内岛礁保障力量主要是基层级维修和中继级维修的装备维修保障人员和维修保障设施设备等，确保编队进驻后能够较快恢复舰载机作战能力。因此，国内岛礁基地的维修保障力量配置、维修技术水平一般可达到中等维修级别。

在本土基地保障和国内岛礁保障模式下，需要将远海作战故障或战损航空装备及器材运回国内基地或岛礁基地进行维修，运输成本高、周期较长，不能满足远海保障的需要。此时，依托海外基地保障是一种更好的选择。

3. 海外基地保障

海外基地是在国土之外设立的承载军事或后勤补给等相关功能的据点，也就是海外的物资保障站或临时驻泊点。海外基地建立的根本目的是，有效维护国家海外利益安全,满足海外军事行动任务需要。

海外基地能够为进驻的编队舰载机提供物资器材保障以及较低级别的等级修理,也能够在海外保障基地保障区域内为海上在航编队提供快速、可靠的装备维修保障和物资器材保障。海外基地既是远海作战区域的后勤补给基地,也是远海作战的出发阵地,能够使远海联合作战的前沿大幅度前伸,对海上作战的快速机动和各军兵种的联合作战都具有重要作用。

海外基地保障力量主要是基层级维修的装备维修保障人员和维修保障设施设备等,确保能够快速抢修以尽快恢复舰载机作战能力。海外基地的维修保障力量配置、维修技术水平要求比较低。

海外基地应具有区域综合保障能力,具体包括:一是基层级的装备维修保障能力;二是战术层次的航材采购、储存等保障能力;三是战役方向上的航材保障能力,能够对编队实施直接补给。

我国海外基地建设可以充分借鉴西方发达国家的成功经验,坚持平战结合、精干高效的原则,立足于现有编制体制,组建基层级维修力量,加强维修和仓储设施设备建设,适当储备物资器材;同时,还需要建设一支具有一定机动性和敏捷性的运输投送力量,为海上编队提供必要的应急支援保障[146-147]。

4. 岸基保障的局限性

需要注意的是,岸基保障模式中,勤务保障作业安全,物资补给量大、补给效率高,但使用条件受到一定限制。通常岸基保障只用于编队平时的休整、训练及巡航时的保障。在战时,只有当可以为编队提供保障的基地未被敌方摧毁时,才能实施岸基保障。美国海军编队在进行作战部署时,为了保证"在岗率",很少采用岸基补给模式,除非在多支部署部队相互轮换的情况下,才能到后方岸基基地进行补给。因此,在远海作战中海上保障的地位作用更加凸显。

5.3.2 海上保障模式

海上保障是海军特有的保障模式,主要是指通过各种海上后勤技术装备对海上兵力实施物资、技术保障的勤务活动模式。由于远海作战时海军是全球部署、全球机动,因此海上保障就成为海军作战舰艇编队最重要的战时保障模式。

海上保障模式主要有自主保障、伴随保障、海上基地保障、远程技术支援保障、机动保障、分段接力式保障以及应召保障、定点保障等。

1. 自主保障

自主保障是依靠编队自身保障力量及其携行航材对编队舰载机实施维修和航材供应的模式,其保障模式包括编队内自主、编队内协同和编队内支援保障。

自主保障力量主要是具备部队级维修和部分基地级维修能力的装备维修保障人员和维修保障设施设备等,确保能够快速恢复轻度和中度损伤舰载机的作战能力,对重度损伤舰载机也具有一定维修能力。因为远海作战航材保障比较困难,所以自主保障模式的维修保障力量配置、维修技术水平一般要求较高一些。

自主保障力量主要配置在航空母舰、两栖攻击舰上,负责部队级维修和部分基地级维修;而驱护舰上编配的维修力量只负责进行舰员级维修。但是,如果航空母舰和两栖攻击舰舱室空间不足,导致很多大型测试、诊断、维修等相关设施设备无法携带,那么自主保障就只具备部队级维修能力,无法进行基地级维修。随着新型航空母舰和两栖攻击舰的不断服役,舰上舱室空间会越来越大,足以部署更多的维修设施设备,这就可以保证在远海作战任务中自主保障能够具备部分基地级维修能力。

自主保障模式主要有编队内远程技术支援、并靠、交通艇运输、直升机运输、横向补给等。

2. 伴随保障

伴随保障是编队外保障力量(主要包括综合修理舰和补给舰)时刻为编队所属舰船实施跟进的伴随保障。伴随保障是自主保障的重要补充,其保障模式基本相同。

综合修理舰(也称维修供应船)是对远海作战装备进行修理和器材供应的专门舰船,有综合性的也有专门的维修供应船,都设有专门的维修器材储存舱室。因为伴随保障的舰船舱室空间较大,允许成体系携带大型测试、诊断、维修等相关设施设备,所以伴随保障能够进行部队级维修和部分基地级维修。

补给舰是支援舰船中数量最多的船种,按补给任务分为综合补给舰和专用补给舰两大类,专门用于对海上活动的作战舰船进行补给,可装载物资器材。补给舰在岸上综合保障基地装载物资器材后,可采用多艘综合补给舰或其他运输船往返穿梭,对编队实施交替伴随补给。

美军的快速战斗支援舰就是一种航速很快且具有较强综合保障能力的综合补给舰。该补给舰既能为编队补给燃油等通用物资,也能为编队舰载机补给航材等专用物资。为满足远海作战任务需要,综合补给舰还需要在航速与综合保障能力方面进一步提高。

3. 海上基地保障

海上基地是在海上完成联合作战武装力量部署、集结、指挥、投送和再部署，为联合作战部队提供持续性的战斗支援、维护和力量投送。

海上基地一般由舰船、装卸和运输装备构成，主要包括三组舰群：一是航母编队打击群，通常由航空母舰、驱护舰、补给舰、潜艇等组成，主要负责为后续部队开辟立足点，提供远程打击、空中支援、情报侦察等；二是远征打击群，通常由两栖攻击舰、驱护舰、潜艇等组成，主要负责参与或支援陆地进攻；三是海上预置群，主要是大型滚装船，负责为登陆作战的陆战队提供物资和装备。其他还可能编配高速连接船、机动登陆平台、干货仓储船等。

海上基地保障模式有几个优点：一是，海上基地可实现自主保障、伴随保障、登陆支援保障，保障能力非常强大。二是海上基地能够将本土、海外基地与作战前沿紧密相连，由海上源源不断向岸上输送兵力，避免了对沿岸港口和机场的依赖，使部队的部署更加灵活，机动空间更大。三是海上基地还可以在需要的区域快速组建起来，并根据需要长期驻扎，不太需要依赖岸上基地的支持。四是海上基地有利于集结多国海军力量，实施联合作战，可为促成国际合作和建立国际联盟提供支持。

4. 远程技术支援保障

因为舰上舱室空间有限，维修设施设备和人员配备都受到很大的限制，所以舰基维修力量不可能完全达到基地级维修能力。而远海作战期间一旦出现无法解决的故障问题，后方保障力量也无法快速达到海上编队进行前出保障。此时，如何快速诊断故障、快速完成维修或故障件更换就成为抢修的关键。远程技术支援保障可以较好地解决这个问题。

远程技术支援保障是利用编队内配属的远程技术支援保障系统或者远程维修保障系统，使现场技术保障人员在保障现场获得后方技术保障专家的技术指导、维修方案和相关技术资料，对编队舰载机维修实施的远程技术保障。远程技术支援保障通过远程技术支援保障系统或者远程维修保障系统实现了另一种形式的紧急前出保障，能够对远海编队舰载机实施远距离、全方位、实时联通的视频维修保障，是海上自主保障、伴随保障和海上基地保障三种保障模式下现场维修保障的重要补充。据统计，美国海军太平洋舰队51%的技术保障是通过远程技术支援实现的。由此可见，远程技术支援保障是远海作战装备维修保障的一种非常重要的保障模式。

远程技术支援保障力量由部队大修厂以及地方飞机设计所、生产厂、承修厂、航空院校相关专业技术人员组成。远程技术支援保障系统或者远程维修保障系统包括后方和舰基两部分,后方部分可以部署在岸基综合保障基地或者部队大修厂等单位,应建立远程维修专家库和远程技术支援保障运行机制,可随时征召相关专家开展远程技术支援保障工作;舰基部分应部署在舰基修理部门,配备维修检测人员、工具、设备,能够快速建立现场维修环境,快速实施现场维修。

5. 机动保障

编队在远海执行任务时一般远离陆地,舰基维修能力有限,所携带航材也不可能百分之百满足需求。编队在航期间,一旦舰基维修力量以及所携行航材不足,就需要采用机动保障来解决。

机动保障是指当自主保障、伴随保障、海上基地保障以及远程技术支援保障力量难以保障海上装备抢修和航材补给时,由上级或本级其他保障力量进行机动支援保障。它是编队外保障力量通过应召、定点、投送、接力等方式,对编队舰载机实施航材补给的海上保障模式。

机动保障的力量构成和编组形式依据任务不同而有所区别,具有较强的机动性和灵活性。海上的机动保障有两种情况:一是物资器材的紧急前送,由本土基地(包括岸基综合保障基地、岛礁基地)以及海外基地动用本级的运输投送力量(如舰载运输机、快速战斗支援舰等)将航材紧急送达海上编队,或者运送到远海指定区域后交由编队运输力量运回编队;二是抢修力量的紧急前送,由本土基地、大修厂或者海外基地安排一定数量的维修技术人员携带相应的物资器材,搭载本级的运输投送力量送达海上编队。必要时,可将抢修人员与物资器材编成若干机动抢修单元,根据战场形势确定前送的机动抢修单元数量,并配备相应的运输投送力量[148]。

6. 分段接力式保障

远海作战的任务特点之一是海上补给线很长,从本土到远海作战区域的运输时间就需要近一个月的时间,而且远海作战航母编队和两栖编队物资消耗非常大,几天内就需要进行一次补给。由此可见,要完成如此艰巨的海上补给任务仅依赖单一的补给方式是难以为继的,只有通过分段接力式保障才能较好地完成。

分段接力式保障是美国海军舰艇编队采用最多的海上保障方式,它是多种保障方式的结合体,融汇了各种保障方式的优点。由于美国海军舰艇编队通常是远海作战,距离后勤基地远,美国海军通常在它的海上补给路线上设置几个中继站,将整个补给路线分成几段,每一段用一批补给舰来进行接力补给。

远海作战的补给线涉及本土基地、海外基地以及作战海域。其中,作战海域内的补给是需要重点关注的问题。伴随保障的快速战斗支援舰具有较高的航速和强大的补给能力,能够在作战海域给编队进行补给。但是,在大规模、高强度作战条件下,其他性能较低的补给舰船就难以担负在作战区域补给的任务。这就需要在作战海域边缘预先设定一个补给会合区,由其他补给舰船到达补给会合区后给伴随保障舰船补给,再由伴随保障舰船到作战海域给编队补给,这样可以有效防止敌方集中打击防御能力比较薄弱的性能不高的补给舰船。因此,可以将远海补给线分成三段,即伴随保障段、第一接力保障段和第二接力保障段。靠近作战海域的即为伴随保障段,前进基地(即海外基地)至补给会合区为第一个接力保障段,本土基地至前进基地为第二个接力保障段,如图5.1所示。

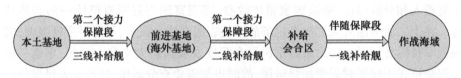

图5.1 分段接力式保障示意图

二线补给舰主要包括弹药船、补给油船、战斗补给船等单功能舰船,补给能力比综合补给舰小很多。三线补给舰为运输船,可以是单功能补给舰,也可以是综合补给舰。另外,在远海作战过程中,如果作战烈度不高时,可以不用设置补给会合区,而是由二线补给舰直接给编队补给。

7. 应召保障与定点保障

1) 应召保障

应召保障是指在海上根据协同计划或上级指令,保障舰船迅速机动至指定的海域,然后与海军舰艇编队进行会合,从而开展装备保障活动。这种保障模式可以有效缩短装备保障机动的距离和时间,同时也具有较强的隐蔽性。

2) 定点保障

定点保障是指补给舰队在作战海域附近的指定地点集结待命,需要补给的编队舰艇依次退出战斗到补给舰队集结地进行补给,补给后再重新投入战斗或返航。在不适于进行伴随保障的情况下(如双方海上兵力直接冲突以争夺制海、制空权),多采用定点保障方式。定点保障舰船通常由弹药船、补给油船、战斗补给舰以及其他勤务船组成,有时也包括综合补给舰。

5.4 远海作战航材军地一体化保障模式

纵观近年来世界强国发展模式,无论是美国的军地一体化、欧盟主要国家的民技优先,还是日本的以民掩军,都将军地一体化发展作为战略方向[149]。在军地一体化保障方面,美军进行了大量理论研究并在战争中进行了推广应用。例如,海湾战争中,美军雇用了几十个民间应急承包商实施战场航材应急保障,满足了快速筹措的需求。在伊拉克战争中,美国军地一体化物流保障机制也发挥了重要作用,例如美国军方应急征用地方企业,获得了"从工厂到战场"全方位的物流保障服务。

军地一体化保障不仅是世界大势所趋,也是我国在面临国防现代化建设和严峻国际形势考验的现实条件下,充分整合国防和经济建设领域资源优势、减少重复投入和分散建设、提高国家整体效益、实现富国与强军有机统一的必然选择。在十二届全国人大二次会议解放军代表团全体会议上,习近平主席强调,实现强军目标必须同心协力做好军民融合深度发展这篇大文章。因此,军地一体化保障模式不仅平时需要加强运用,战时更加需要充分运用,这也是人民战争的必然要求。

军地一体化保障实际就是保障社会化,是将军队后勤建设融入整个国民经济发展体系里,尽可能依托社会资源来实施保障任务。社会保障力量是对军队建制装备保障力量的有益补充,不仅可以弥补军队建制装备保障力量的不足,还有利于军队节约装备保障经费,提高保障效能。但是,军地一体化保障必须坚持以军内保障为主、以社会保障为辅的原则来构建其保障体制、保障模式。下面重点围绕远海作战航材保障需要,详细阐述军地一体化保障体制以及军地一体化保障模式。

5.4.1 军地一体化保障体制

1. 军地一体化保障体制总体定位

目前,我军已经成立了联勤保障部队。联勤保障部队组建的原则包括:坚持联勤保障方向,科学设置体制模式,合理区分职能定位,建立顺畅高效的联勤组织体系;坚持联战联训联保一体、平战一体,强化军委、战区联指的集中统一指挥,增强联合保障的针对性、时效性;坚持能统则统、宜分则分,优化配置资源,调整任务区分,形成专用自保、通用联保的保障力量格局;坚持走军民融合的路子,推进社会化、集约化保障,精简军队后勤保障机构和人员,提高联勤保障整体效益。

我军也可以成立类似美国国防部的供应链集成办公室、国防后勤局的一体化供应链小组、海军陆战队后勤司令部补给链管理中心的军事供应链组织机构,从战略层次上进行协同整合,提高供应链的时效性、敏捷性。

军事供应链组织机构的主要目的是从宏观战略层次把握军事供应链的集成整合和协调控制问题,对供应链各成员之间的活动进行协调、控制,并提供信息服务和支持功能,以实现军事供应链的集成化运作[150]。该机构协调的范围跨越军地两个领域、战略战役战术多个层次、物流各业务部门多个系统以及从计划到供应多个环节。其中,军地之间的协调主要依托于采购部门、国防动员委员会,以及地方政府、企事业单位、工商协会等;军队内部的协调主要依托于军委职能部门、军种装备部等机构所属的与供应链相关的综合计划部门以及具体业务部门等。

2. 军事供应链内涵与外延

供应链管理是20世纪90年代逐步兴起的一种先进的、集成的管理思想和方法,研究如何在供应链环境下实现整体协调运作、优化资源配置、提高整个供应链的竞争力。在军事领域里,美军最早开展供应链管理的应用研究,已初步实现了军事物资的供应链管理,有效地提高了后勤保障能力,并在实战中取得了显著的成效。

军事供应链是指以快速、精确、可靠地实施军事物资保障为目的,以军事物资生产、筹措、运输、储存、供应直至消耗的全过程为主线,将军队内部和外部所有相关成员实体连接起来的网络结构。它能够使物流、信息流、资金流以及各实体要素有效协同,实现整个供应链的高效运作,进而有效提升保障能力。下面详细介绍一下军事供应链的主要内涵和外延[151]。

1) 军事供应链的主要内涵

(1) 军事供应链的目的是为部队提供物资保障。

(2) 军事供应链的范围涉及军队和地方两个领域,包括物资进入军队之前的生产阶段以及到部队后的使用消耗阶段物资保障全过程。

(3) 军事供应链是一个网络体系,涉及众多彼此关联的成员实体。军事供应链是围绕一条跨越军地、贯穿军队各级的主线而形成的链状网络,其组成成员是链状网络上的各个节点。

(4) 军事供应链涉及军队的后勤保障系统和装备保障系统,其核心属性是军事性,其主要组成部分是军队后勤系统(指后装合一的后勤)——是军事供应链的主体和核心部分。

2) 军事供应链的外延

(1) 军事供应链包括为部队提供实物保障的所有供应链,涵盖了所有物资器材(包括油料、装备、设备、工具、备件等)的保障。

(2) 军事供应链的组成成员如下。

① 军队内部的组织机构,主要涉及计划、采购、生产、运输、储存、供应等部门,参与的实体主要有国防部、战区联合指挥中心、仓库、驻厂和各交通沿线军代表办事机构、维修机构、运输部队等。

② 军队外部的组织机构,主要涉及国务院、各级政府部门,参与的实体主要有地方供应商、军工企业、代储企业、第三方物流企业、航空公司、铁道部等。

3. 军事供应链组织机构运行原则

战时军事供应链在注重军事效益的同时,还务必要考虑经济效益,实现综合效益最大化的流程集成化运作,注意遵循以下几个原则。

(1) 实行规模化运作,例如,计划环节的需求统一反馈,采购环节的集中采购,生产环节的批量生产,运输环节的军民联合运输,仓储环节的规模化储存,供应环节的大批量、少批次、直达集约配送等。

(2) 把供应链反应能力建立在预测基础上,通过科学方法制定大规模作战航材储备标准,并依据标准筹措。预测的目的是预先准备,加强第一时间的反应能力与后续的持续保障能力。

(3) 为实现综合效益最大化的集成化运作,必须做好以下几点准备:构建顺畅的平战状态转换机制,形成多样化的运作协同,进行科学的预测与判断,构建健全而科学合理的集成化运作机制,与地方成员建立稳定而牢固的战略合作关系等。

4. 大规模作战军事供应链组织机构及运作机制

大规模作战航材保障涉及军内资源与社会资源,要统筹好各方资源,如果没有统一的调控组织机构是很难做到的。因此,在战区联合作战指挥中心(简称战区联指)下需要组建大规模作战航材供应链办公室,主要由计划部门、采购部门、修理部门、仓储部门、运输部门、地方协调部门、国防动员部门等组成,如图 5.2 所示。其中,计划部门主要由军种装备主管部门、战区装备主管部门、基层装备保障部门等组成,采购部门主要由国际承包商、国内地方供应商和军工企业等组成,修理部门主要由国际承包商、国内地方承修厂、部队大修厂、基地/舰基修理部门等组成,仓储部门主要由代储企业仓库、海外基地仓库、综保基地仓库、岛礁基地仓库、编队舰基仓库等组成,运输部门主要由国际交通运输部门、军队联勤运输部门、各军种运输部门、地方物流企业(包括航运、海运、路运、铁运等)、渔政部门等组成,地方协调部门主要由国务院、地方政府、外交部等组成,国防动员部门主要由经济动员部门、交通战备部门等组成。大规模作战航材供应链中的采购、送修、仓储、运输等环节均可由军地双方力量进行联合保障。

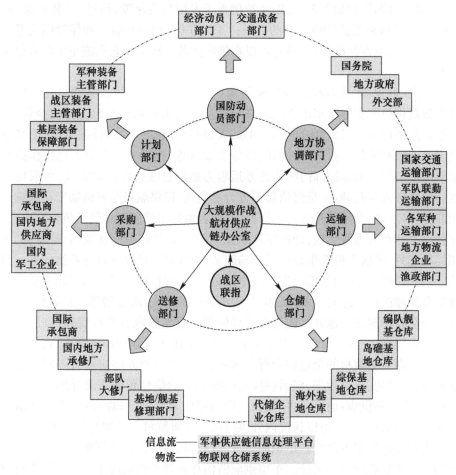

图 5.2 大规模作战航材供应链

联合作战是信息化战争的基本样式,联合作战要求装备联合保障。因此,大规模作战作为一种典型的多军兵种联合作战样式,亟须研究基于大规模作战航材供应链的与联合作战指挥及与大联勤体制改革相适应的装备联合保障体制。

装备联合保障是指在战略或战役装备联合保障指挥机构的统一指挥协调下,整体筹划和运用装备保障资源,在军种间实施以及军民共同实施的保障。装备联合保障就是将"专装自保、通装统保、同装互保、军地联保"紧密结合、灵活运用[152]。其中,"专装自保"在装备联合保障中占主导地位,由各军种自行保障;"通装统保"是跨军种的保障,主要是通用装备保障但不限于通用装备保障,如战时专用物资器材也可以和通用物资一起通过联勤保障运输力量一起实施远洋物资补给,这也是一种"统保",是对"专装自保"模式的跨军种的补充;"同装互保"也是一种跨军种的保障形式,主要侧重于专用装备保障,是对"专装自保"和"通装统保"两种模式的跨军种的拓展;"军民联保"则是在前三种保障模式基础上,进一步向地方保障力量延伸,可以在供应链各个环节探索实施军民联合保障机制。

"军民联保"是大规模作战航材保障必不可少的重要模式必须依托大规模作战航材供应链实施。军地之间的联合是指航材主管部门与地方物流企业、航材生产厂等民间力量的联合[153]。例如,大规模作战期间向海外基地、海上基地或者海上舰艇编队进行航材补给的任务非常繁重,该任务可以由大规模作战军事供应链组织下的运输部门统筹各方运输力量通过联合保障来完成,可采用的联合保障方式有两种:一是仅依靠军方力量完成,即将航材与其他物资一起统一由联勤保障运输力量负责进行远海补给,或者由海军建制运输舰队负责完成;二是依靠军地双方力量运输,即由军队联勤保障运输力量、海军建制运输舰队、民用运输船只、民航飞机等组建远洋运输舰队,可以更好地完成远海补给任务。当然,后者必须经国防动员部门进行战争动员,才能大量征用民间的运输力量。军地联合保障的形式还有很多,例如,对于机载任务系统、起落架等重要航材,可以通过部队仓库储备与地方供应商以厂代储相结合实施联合库存管理,以厂代储的地点可以在生产地点,也可以在部队驻地附近由工厂建设储备仓库;还可以由地方供应商负责航材的全过程全寿命保障,这需要向地方供应商有限制地共享航材库存、消耗、送修数据,然后供应商根据共享的信息预测需求并组织进行航材生产、修理和供应;而对于进口航材,则可以将其生产、修理、供应等业务承包给国内外供应商,甚至可以让国内外供应商直接将航材发送到海外基地。

大规模作战军事供应链组织的集成管理与高效运作离不开军事供应链信息处理平台和物联网仓储系统。军事供应链信息处理平台的应用能够使供应链成员对供应链各个阶段进行航材信息查询,实现航材保障信息共享与交互,而物联网仓储系统可以采集航材保障信息、对航材实施跟踪,实现可视化管理。军事供应链信息处理平台和物联网仓储系统对战区联指统筹协调航材的筹措、储存和供应等保障工作具有重要意义。

基于军地一体的大规模作战军事供应链组织机构有利于加强供应链中军地成员的交流沟通、协调合作以及平时物流动员准备和战时物流动员实施等,缺点是军地共同组成的管理机构的构建和运行难度比较大。为此,大规模作战军事供应链应从传统的实现成员各自目标的激励方式和业绩评价体系,向以实现供应链整体目标的现代激励方式和业绩评价体系转变。这就需要建立一套运行协调机制(包括相互信任机制、信息共享机制、应急配合机制等),使大规模作战供应链各成员在满足个体利益最大化的同时,也实现供应链整体效益最佳。

5.4.2 军地一体化保障模式

远海作战航材军地一体化联合保障由战区联合作战指挥中心下的大规模作战航材供应链办公室负责组织实施,主要保障模式包括军地一体化国内保障、军地一体化海上保障、军地一体化海外基地保障、军地一体化海外国内力量保障以及军地一体化海外国际力量保障,如图5.3所示。

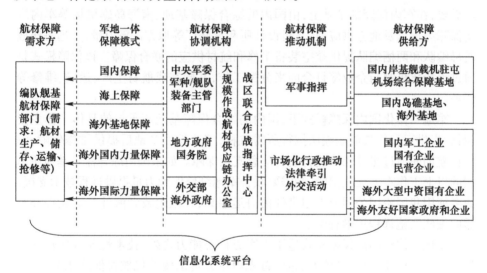

图5.3 基于军地一体的远海作战航材保障模式

战区联合作战指挥中心是远海作战军地一体化保障体制中核心的指挥和管理机构,它通过国家有关部门(国务院、地方政府、外交部、海外政府等)和军队装备保障有关部门(包括中央军委、军种级和舰队级装备主管部门等),协调、组织军地双方保障力量对远海作战军地一体化的航材保障。

远海作战航材保障需求方是编队舰基航材保障部门,主要需求是航材的生产、储存、运输、抢修等,在这些方面都可以实施军地一体化保障。

远海作战航材保障供给方包括三个部分。

(1) 军方的国内岸基舰载机驻屯机场、综合保障基地,其储备航材是远海作战舰基储备航材筹措的主要来源。

(2) 国内岛礁基地和海外基地,其储备航材是向海上编队实施应急支援保障的重要支撑。国内岸基舰载机驻屯机场、综合保障基地、岛礁基地和海外基地等航材保障供给方都是军队保障力量,无论是专装自保、通装联保还是同装互保,均需通过军事指挥机制来实施。

(3) 民间的国内军工企业、国有企业、民营企业以及海外的大型中资国有企业、友好国家政府和企业等,可以通过市场化行政推动、法律牵引和外交活动等方式促成军民联保的实施。

下面对不同的保障模式进行详细介绍。

1. 军地一体国内保障模式

军地一体化国内保障是大规模作战航材供应链办公室根据远海作战航材保障需要,在军内保障的基础上,由国内的综合保障基地、南海岛礁机场等军内岸基保障力量以及地方供应商、飞机设计所和承修厂等地方保障力量,为远海作战航母编队和两栖编队提供航空装备维修和航材供应的联合保障。该保障模式是通过市场化机制与企业签订合同来分配工作,共同完成航材生产、运输、维修等任务。

军地一体化国内保障模式下,国内的综合保障基地所承担的具体工作主要包括:提供远海作战舰艇编队携行所需航材,编队返回基地后提供维修保障,编队在航期间通过机动保障进行航材应急支援保障。如果国内综合保障基地所承担的以上工作军方无法保障,则需要联合军地维修保障力量提供远程技术支援,或者征用我国跨国公司或者租借外国海运船只,在国内或者海外基地获得补给后向编队实施远程运输补给。

军地一体化国内保障模式适用于军方核心能力之外、技术性要求比较高的舰载机航材保障工作,具体方法是:首先由军方提出舰载机航材保障相关需求,然后在市场机制下通过竞争选取技术实力强、设施条件好、符合一定资质的承包方,签订合同,委托其进行航材全寿命保障。也就是说,部队不再负责储供等工作,而是将经费给厂家并要求必须达到一定的保障水平,然后由厂家进行舰载机航材的全寿命保障,亦即"花钱买效益"。例如,美国国防部通过年度合同与承包商洛·马公司签订维修支持合同,由洛·马公司负责管理F-35全球供应链、基地级维修、飞行员及维修人员培训,并提供工程和技术支持。为此,美国空军、海军航空兵和陆战队还各自建立了F-35供应链集成办公室或类似机构,重点负责 F-35 维护及备件保障[154]。再如,美国海军舰船基地级维修工作中私营企业至少占有 40% 以上的份额,像纽波特纽斯船厂是美国制造航空母舰的地方船厂,则参与美国海军所有航空母舰的维修保障工作。

远海作战军地一体化国内保障需要立足现有编制体制,建立并完善远海作战航空装备联勤保障体系和地方保障力量征用补偿方案。在平时对国内军民通用的保障装备、设备和设施进行登记,如远洋货轮、民用远程通信系统、舰艇维修设施等,战时征用时可随时投入保障。

在实施远海作战军地一体化国内保障时,军方可通过大规模作战航材供应链办公室请地方政府协调地方供应商等相关单位开展航材保障合作。该保障模式有利于缩小军工集团保障体系建设的规模,提高保障效益;也有利于更充分地发挥军队建制保障力量的作用,提高军方的核心保障能力;同时,还可以更好地利用国内社会资源,充分发挥军队与地方各自的优势,增强远海作战航材的应急保障能力。

2. 军地一体化海上保障模式

远海作战航材的海上保障需要由大规模作战航材供应链办公室组织计划、采购、送修、仓储、运输、地方协调、国防动员等部门,通过航材保障信息系统与类似美军的舰载机维修与管理系统等信息处理平台,将军工企业、地方供应商、民用运输力量、综合保障基地、海上编队组成一个网络保障中心,实施全面的网络化联合保障。在航材供应方面,保障网络中的各节点能够通过航材保障信息系统和远程运输投送实现航材的灵活调配,提高保障效率,确保远海作战航材保障能够及时供应,为远海作战提供及时、准确、敏捷的海上航材保障。在舰载机维修方面,可以依托军队现有信息网络,建立覆盖远海舰基装备保障部队、部队大修厂以及地方飞机设计所、生产厂、航空院校等单位的一体化远程技术支援体系与信息网络,为远海作战舰载机维修提供维修水平高、抢修时效强、现场可视化的远程技术支援保障。

远海作战海上补给任务十分繁重,对远程运输投送力量的需求很大。远程运输投送力量是实施海上航材应急保障的机动保障力量。在"打仗就是打后勤"的现代战争中,远程运输投送力量在战时是重点打击对象之一,相关补给舰船的消耗较大,仅依赖军方建制运输力量是远远不够的,还需要通过征召地方运输力量来满足战时海上补给保障的需求。只有统筹运用军方建制运输保障力量和地方运输保障力量实施军地一体化运输保障,才能确保远海作战后勤保障的持续性,这是决定远海作战胜利的重要因素。

航母编队和两栖编队远海作战中的联合后勤保障舰艇装备种类繁多,各军兵种进行联合后勤保障的除了使用海军自有装备外,空军会提供相应的舰载运输机,陆军会提供相应的支援舰船,同时也会征用民船以扩充后勤保障力量[155-156]。民船在海上补给保障过程中,具有用途广泛、数量众多、资源雄厚、潜力大等优点,是海军后勤保障的有力后盾。美军为充分利用社会力量和社会资源并确保平时准备好、战时用得上,制订了海商法并以法律的形式规定了商船征用程序和规范,对推进军地一体化后勤保障具有很强的操作性[157]。

我国海军应与国家海运部门联合建设军地一体化远程运输投送力量。远程运输投送力量中最主要的保障装备是运输补给舰船。运输补给舰船的建设可以从以下两个方面实施:一是,军方加强大型快速战斗支援舰、综合修理船等补给舰船的建设,这些舰船可以伴随编队补给,也可以在本土综合保障基地、海外基地和编队之间进行往复接力补给,是海上保障的核心机动力量;二是,通过战争动员征用集装箱船、散货船、滚装船等民用船只,用于装运远海作战物资器材、维修人员、维修设施设备等,是海上保障的重要支撑力量。

美军拥有世界上最强大的海上运输力量,但是仍把民船看作是战时重要的后备力量,并称为"国防第四军种"。在海湾战争中,美军租赁了282艘国内外商船,用于向海湾战区运送军队及物资,占海湾战争海运船只总数的73%。在马岛战争中,英军在短短几天内就动员了50余艘大型商船,占后勤保障船只的三分之二。我国海军在远海护航过程中也采用商船把国内的物资补给到编队舰艇,在远海护航保障任务中发挥了积极作用。由此可以看出,战时军地一体化的海上运输补给保障不仅是整个后勤保障的重要环节,也在很大程度上影响着远海作战期间部队的战斗力和快速反应能力[158-159]。

3. 军地一体化海外基地保障模式

军地一体化海外基地保障可在大规模作战航材供应链办公室统筹组织下,充分利用地方保障力量,开展海外基地建设及其运行机制研究、应用与完善工作。

海外基地的通用物资器材筹备工作可以和基地所在国家以及周边国家的企业合作,就地采购,可以大大减少从本土远程运输的成本。专用物资器材可通过跨国企业的民机或者民船(如集装箱船、滚装船等)从本土运送到海外基地。应积极引导国内企业厂家参加海外基地建设以及军地一体化保障力量建设,建立公开公平公正的竞争机制,严格资质审查,完善相关合同协议,强化监督审核,明确保密要求,确保承包商能够提供可靠的售后服务(包括航材保障与技术支援)[160]。

海外基地的建设需要由本土向海外基地运输大量各种物资和保障设施设

备,运输任务繁重,需要军地联合建立一支具备强大的远洋运输能力的运输舰队,可用的舰船包括军队建制运输舰船和国内民船,例如综合补给舰、集装箱船、散货船、滚装船等。紧急情况下可通过联勤保障运用各军兵种运输机和民航运输机进行远程运输补给。海外基地保障所需要的远程运输能力是海外保障基地建设与有效运转的基础,体现了一个国家的综合国力[161]。

4. 军地一体化海外国内力量保障模式

航母编队和两栖编队舰载机总体上呈现多机种、小机群(指特种飞机)的特点,航材保障力量建设的周期长、投入巨大,由军方完全承担远海作战航材保障的工作难度较大,保障效率和效益也不高。为此,可以考虑利用国内地方保障力量进行军地一体化的海外保障。

当前,随着国际贸易的不断深入,我国经济已经走出国门,走向国际市场。特别是以大型国有企业为代表的中资企业,它们在海外诸多地区投资设厂、承建工程,规模力量越来越大,分布越来越广,具有较强的远洋运输能力和海外条件下舰载机航材保障能力。如中国远洋海运集团,业务运营已经覆盖160多个国家和地区,成为全球最大的海洋运输公司之一,具有强大的远洋运输能力。相比而言,在远海装备保障方面,军方的经验和能力都远不及地方大型企业。

因此,海外军事行动的舰载机航材保障应贯彻军民融合思想,可以通过大规模作战航材供应链办公室与国务院下属的大型海外国有中资企业进行合作,充分借助海外中资企业力量,利用市场经济手段,完善健全相关政策法规,采取商业合同委托的方式参与编队舰载机航材运输、储存以及维修保障。此外,也可以尝试商业化运作模式手段,与国内企业合作,承建、租用或收购国外港口设施、仓库等,以非战争军事行动的名义在适当地区建立海外航材储备点。可基于军民共用思想,由军地双方共同承担远海作战航母编队和两栖编队舰载机、民用远洋商船舰载机航材的储备、补给和维修保障任务,可共用仓库、工装等保障设施设备以及同装物资器材。这种保障方法类似三军联勤保障,可以在发挥军地双方优势的同时实现资源共享,因而更加适应现代战争的需要,可为我军遂行远海军事行动提供有力的支持。

5. 军地一体化海外国际力量保障模式

在海外重要港口附近,如东南亚、北印度洋周边、地中海等地区,可以很容易地找到当地的企业进行物资补给和装备维修保障。因此,海军舰艇编队在这些地区活动时,一旦出现临时性装备保障需求,伴随保障力量也无法及时满足时,可在大规模作战航材供应链办公室组织下通过外交部与远海作战沿线的海外国家进行沟通和建立合作关系,从而可以利用海外国际力量支援远海作战航材保障行动。军地一体化海外国际力量保障由国外政府及民间企业提供远海作战航材保障支持,实现资源的互补互用。海军航母编队和两栖编队长期在外行动或驻扎时,可以选择外国具有一定保障能力的企业,配合伴随保障力量,共同完成远海作战航材保障任务。

海外国际力量保障可以采用多种模式。一是商业采购型国际合作保障模式,即采用商业手段直接在国际市场上购买远海作战航材保障所需的航材或勤务,这种国际合作模式以经济活动为主要特征,通常不会受到所在国外交与国防政策及法律的过多限制。二是军品贸易型国际合作保障模式,即通过与外国(如俄罗斯)进行军品贸易及建立相应的售后服务保障关系而达成事实上的国际合作保障,这种模式下可在签订进口、出口航材的合同时要求对方承诺有条件承担远海作战航材支援保障任务。三是建立综合保障点或保障机构。可选择在西北太平洋和北印度洋沿岸的友好国家(如马来西亚、巴基斯坦、埃塞俄比亚、斯里兰卡等)的港口积极开展试点,综合运用政治、外交、经济等手段,以争取国际社会的认可。可先从海军和企业共同使用保障设施开始入手,逐渐扩大保障范围,以解决编队远海作战时舰艇驻泊、备件供应、装备维修等问题。

第6章
大规模作战航材保障信息系统

大规模作战对航空装备保障工作提出了较高的要求,主要包括:一是航材能够快速识别、实时跟踪;二是保障信息能够实时共享;三是航材业务能够实现决策支持;四是保障信息系统综合化、集成化。要满足上述要求,就必须大力开展大规模作战航材保障信息系统建设。本章主要从以下四个方面进行大规模作战航材保障信息系统研究。

(1)加强大规模作战航材物联网仓储系统建设。该系统是实现大规模作战航材全过程、可视化管理的关键平台,能够自动识别、定位航材,有利于实时全面地感知战场和后方的航材保障态势,这对大规模作战航材保障全面统筹、合理调度至关重要。

(2)加强大规模作战航材管理信息系统建设。基于传统供应网络的航材管理信息系统难以实现航材供应链成员实体之间实时的信息共享,对航材保障的效率和准确性影响很大。应开展基于供应链网络的航材管理信息系统研制,以实现大规模作战航材保障信息的实时共享,为精确保障提供必要的支撑。

(3)加强大规模作战航材业务决策支持系统建设。航材物联网仓储系统与航材管理信息系统存储的主要是流程性的业务数据,难以为大规模作战航材业务决策提供支持。为此,需要大力研发航材业务决策支持系统,以对业务数据进行再处理、深挖掘,形成决策方案,从而为大规模作战航材保障提供一定的智能决策支持。

(4)大规模作战航材保障信息系统综合集成平台建设。该系统综合集成平台能够将航材物联网仓储系统、航材管理信息系统、航材业务决策支持系统以及装备维修相关系统(如远程技术支援保障系统、战场抢修专家系统等)集成起来,实现不同系统之间的信息共享与协同沟通、各类保障资源与手段的统筹整合与灵活调度,能最大限度地提高装备保障系统的整体效能。因此,该系统既便于为平时装备保障计划决策的综合性和科学化提供支撑平台,也便于为迅速实现平战转换在技术层面上提供前提条件。

6.1 大规模作战航材物联网仓储系统

6.1.1 物联网概述

物联网是通过射频识别(radio frequency identification,RFID)、红外感应器、全球定位系统、激光扫描器等信息传感设备,按约定的协议,把任何物品与互联网连接起来,进行信息交换和通信,以实现智能化识别、定位、跟踪、监控和管理的一种网络,其目的是让所有的物品都与网络连接在一起,方便识别和管理。

物联网技术在民用领域已应用在通信、医学、智慧家庭、智慧电网、自动化建筑与汽车等领域,通过网络与对象的连接,大幅度提高了管理效率和安全性。物联网在军事领域的应用也越来越多,主要包括勤务精确化保障、战场态势实时感知、装备武器智能监控等。例如,在 2003 年海湾战争期间,美军运用物联网技术对约 4 万个集装箱进行跟踪,实现了从储备式后勤到配送式后勤的转变,大大降低了物资储备量,从而显著减少了空运量与海运量,节省数十亿美元。利用物联网能够实现"多维感知、多域互联、全程可控、全网为战",这对军事仓储智能化发展、军队信息化建设、军地一体化保障模式创建将产生深远影响,可以有效提升军队的作战训练能力和联勤保障效能[162]。

物联网运行的全过程包括三个阶段:第一个阶段是标识,即利用传感设备对目标物体的属性信息进行编制并存储到标签中;第二个阶段是识别,即使用设备识别技术对目标物体的属性信息进行识别;第三个阶段是通信,即利用网络系统对信息进行传输,完成通信与数据处理。

仓储管理常用的标签有三种,即条形码、二维码和 RFID 电子标签。条形码可以用来表示数字、英文和符号,但不能表示汉字,且只能处理 20 位左右的信息量;只能横向记录信息,只可读不可写。二维码可以表示汉字,存储的信息量是条形码的几十甚至几百倍;与条形码一样成本低,易制作,持久耐用,是目前主要使用的一种标签。RFID 标签可以通过射频信号自动识别,能透过外部材料直接读取数据且读取距离远;支持数据再写入,无须重新制作新的电子标签;能同时处理多个电子标签,适用于批量识别;可以对射频标签所贴附的物体进行追踪定位,提供位置信息等。由此可见,RFID 电子标签可以快速读写、移动识别、多目标识别、定位及长期跟踪,能够方便快捷地进行信息的交换和存储。因此,RFID 电子标签与条形码、二维码相比具有很大的优势。

RFID电子标签、读写器和信息处理系统共同组成了RFID系统。其中,每个RFID电子标签具有唯一的电子编码,用于存储要识别和传输的信息,可读写;读写器用于读取或写入标签信息,可以单独或者与计算机和其他系统配备完成数据的读写、显示和处理等功能;信息处理系统用于完成数据信息的存储、管理以及对电子标签进行读写控制。RFID电子标签和读写器都有天线,用于二者之间信息的收发;工作时有不同的频率,频率越高传播距离越远,这对自动多目标识别、远距离定位和跟踪均非常有利。由此可见,RFID系统的组成与工作原理都比较简单,而且RFID电子标签优势突出,成本不高,使用简便,易于推广。可以说正是由于RFID电子标签的广泛应用,才有了当前物联网仓储系统的蓬勃发展。

因为平时的飞行训练任务和大规模作战航材的供应保障都会伴随着大量信息的交换、存储,所以基于RFID技术构建物联网仓储系统对于提高无论是平时还是战时的航材仓储管理效率与效益都具有较高的实用价值和现实意义。

目前,RFID技术已经被美军广泛应用于军事物流保障领域。例如,美军国防后勤局和运输司令部使用物联网设备为服务机构提供联合后勤管理、跟踪运输和管理库存,美军供应的物资和设备在主要枢纽之间运输时都会在托盘上贴上有源射频识别和无源射频识别的电子标签,国防后勤局还在配送中心使用数字阅读器来监控油箱中的油量。美军基于物联网技术开发了特定物品寻找系统、运输途中物资可视化系统等物联网管理系统,极大地改革了传统物流跟踪方式,大大缩短了美军的平均后勤补给时间,并在索马里维和、阿富汗战争和伊拉克战争等实战活动中取得了理想的效果。

近年来,我军在研究RFID技术方面开展了大量的研究工作,也陆续建立RFID技术试用点,不断探索将RFID技术应用到军事物流领域的可能性,积极推动我军军用后勤保障体系的信息化建设。但和外军相比,我军在物联网技术研究与应用方面还有较大差距。

6.1.2 航材物联网仓储系统体系结构

物联网仓储系统通过运用RFID、传感器、计算机等物联网信息化技术,可实现仓库物资的自动化识别、库存的实时准确把握、物流过程的实时跟踪等一系列自动化操作[163]。

航材物联网仓储系统可以使大规模作战的战场将更透明、指挥更智慧、保障更精确、监控更安全,对大规模作战航材保障实现全地域、全过程、可视化和高效率保障具有重要意义。

1. 航材物联网仓储系统层次结构

航材物联网仓储系统包括传感网络、传输网络和应用网络三个层次[164-165],如图 6.1 所示。

(1) 传感网络以 RFID 电子标签、阅读器、北斗定位传感器为主,用于采集数据,实现"物"的识别。这是实现物联网的技术基础。

(2) 传输网络通过北斗导航系统或其他通信网络,实现数据的传输和计算。这是实现物联网的网络基础。

(3) 应用网络就是航材物联网仓储系统,这是实现物联网的内部条件。

2. 航材物联网仓储系统功能结构

航材物联网仓储系统的功能结构[166-168]主要包括 RFID 电子标签管理、入库管理、出库管理、自动盘库、航材定位、温湿度监控和防盗预警 7 个模块(图 6.1)。

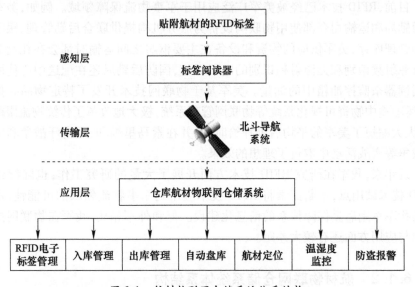

图 6.1 航材物联网仓储系统体系结构

(1) RFID 电子标签管理:可将大量航材信息写入 RFID 电子标签,粘贴 RFID 电子标签到航材包装袋(箱)上。

向 RFID 电子标签写入信息的方式有两种。①有线接触方式,这种标签信息写入装置一般称为编程器或写入器;②无接触方式,这种标签信息写入装置一般称为 RFID 电子标签读写器或通信器,它将写入功能与 RFID 电子标签读取功能结合在了一起。

RFID电子标签应包含航材的基本信息、质量状态、生产信息、修理信息、发付信息、使用信息、仓库位置信息、包装信息、寿命信息、交旧和报废信息，如表6.1所列。由该表可见，RFID电子标签包含的信息量很大，而且由于它可以自动读写，这对提高航材的出入库作业效率非常有利。

表6.1 航材RFID电子标签包含信息

信息类别	包含的具体信息
基本信息	航材编码、名称、型号、适用机型、配套系统、单位等
质量状态	新品、堪用品、待报废品、废品
生产信息	生产厂家、生产批次、出厂编号等
修理信息	送修单位、运输方式、联系方式、故障原因、修理情况等
发付信息	运输方式、发付单位、接收单位、发付时间等
使用信息	装机机号、装机时间、使用时间、剩余寿命等
仓库位置信息	库房号、垛号、层号、列号、箱号等
包装信息	航材数量、生产日期、入库时间、保管期止、封存日期、封存期止等
寿命信息	规定总寿命、规定寿命、规定翻修次数、保管期等
交旧报废信息	待修航材交旧单位和故障情况、报废航材鉴定单位和报废原因等

（2）入库管理：仓库入口处设置阅读器，用于航材入库时批量读取航材的RFID电子标签信息；自动分配航材库存位置，相应位置指示灯闪亮，航材上架后指示灯灭；入库自动料账。

出入库时，RFID电子标签通过阅读器进行无线自动识别，识别速度快，可以大大提高航材供应的效率及准确性，同时节省了人力、物力、财力和时间，因此特别适于大规模作战任务中航材的转移工作。

（3）出库管理：录入出库航材名称或型号信息，库存位置指示灯闪亮，航材下架后指示灯灭；仓库入口处的读写器在航材出库时批量读取航材的RFID电子标签信息；出库自动料账。

（4）自动盘库：采用盘库设备自动盘点航材库存。盘库设备包含推车、扫描天线、无线射频阅读器、计算机。扫描天线能够读取一定范围内的库存航材包装袋上的RFID电子标签存储内容，并通过无线射频阅读器接收后传输给电脑中的物联网仓储系统。

（5）航材定位：为便于掌握运输过程中航材的位置，可以在专用集装箱、方舱、转运箱或者车辆上安装北斗导航定位传感器。传感器存储运输的所有航材信息，它可以将这些信息通过北斗导航定位系统反馈到航材物联网仓储系统。这样航材管理人员可以随时查询任何一项航材的位置以及其他信息，并可根据大规模作战任务需要,通过物联网仓储系统随时调整目的地,从而实现对航材的全面跟踪和管理。

(6)温湿度监控:在仓库内可以安装温湿度传感器,用于监测库内温度与湿度。在温湿度传感器感应到温湿度参数超出域值的时候,便通过物联网仓储系统,自动启动相应的空调、除湿机等设备,进行调温除湿。

(7)防盗报警:航材带出仓库时会被自动检测、记录出库时间,如果发现出库信息不全(如没有出库审核、发付地点等信息),就可能是被盗出,系统会自动报警。

还有其他一些功能,如权限管理。助理、统计员、保管员等人员的职责不同,系统的使用权限有所区别,这些都可以在系统内进行设置。

6.1.3 物联网技术弊端对军事应用的影响

物联网技术存在一些弊端。例如,成本问题就是制约其发展的重要因素。一套 RFID 产品,一般包括三个部分,即电子标签、读写器和后台系统。目前,仅一个 RFID 标签的价格,从几毛钱到几十块不等,是条码价格的几十倍甚至上百倍。巨大的成本差距,严重阻碍了 RFID 技术的普及。又如,美军也存在一些没有配备识别系统的仓库,或者物联网系统出现故障时,都需要人工输入数据。因此,为确保万无一失,自动化的物联网管理系统中还必须开发人工操作的模块,这也无形中增加了前期的成本投入。再如,因为大部分物联网系统都会通过无线传输技术进行军队部署、撤离与机动等信息传送,而物联网系统容易被敌方网络部队攻击,那么这些机密信息就可能会被敌人拦截,从而暴露军队的行踪;敌方可通过电子战直接阻塞系统,导致信息无法传送。因此,物联网系统存在一定网络安全问题。另外,航材中有很多电子设备,尤其是带有敏感电子元器件的航材在充斥电磁辐的仓储环境中性能可能会受影响;还有,RFID 系统识别存在一定的误差率,至今无法解决。以上各种问题对物联网技术在军事物流领域的推广运用是很大的挑战,必须有效解决上述问题才能将该技术大量应用于军事物流领域。

6.2 大规模作战航材管理信息系统

6.2.1 传统的航材供应网络

传统的航材保障由航材主管机关、航材仓库等航材保障部门负责实施,保障对象是部队机务队、修理厂等单位,与各种航材供应商、承修厂紧密联系,共同组成了一个复杂的航材供应网络,如图6.2所示。

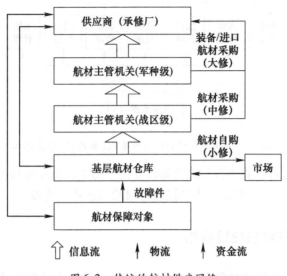

图6.2 传统的航材供应网络

部队把采购(修理)需求逐级上报到战区级和军种级航材主管机关,航材主管机关向供应商(承修厂)提出需求,供应商(承修厂)把生产(修复)的装备器材交付部队。基层航材仓库允许自购的航材可从市场直接采购。

可见,传统的航材供应网络中的信息流是逐级传递的,经过的环节多、时间长,航材保障信息反馈滞后并且容易失真;另外,供应商(承修厂)无法实时掌握部队需求,信息共享水平很低。

6.2.2 基于传统供应网络的航材管理信息系统体系结构

基于传统供应网络的航材管理信息系统处理的数据均为流程性的业务数据,一般存储于关系数据库中。不同部门使用的航材管理信息系统有所区别,其中,基层航材部门使用的航材管理信息系统的功能模块一般包括出库管理、入库管理、报表管理、信息查询、数据管理、封存预警、系统管理等功能模块,如图6.3所示。

传统的航材管理信息系统不足之处有:各级航材保障部门所用管理信息系统之间交互性差,与机务用的管理信息系统没有关联,无法共享数据;与工厂也没有网络连接,工厂难以实时掌握部队任何需求;航材物流信息无法实时掌握;

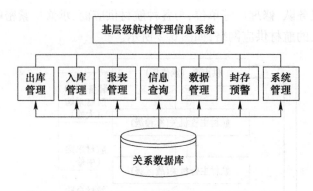

图 6.3 传统的航材管理信息系统(基层级)体系结构

所用的数据库技术不能为智能决策提供支持。与美国海军航材保障信息化水平相比还有较大差距,需要进一步加强航材保障信息系统建设。

6.2.3 航材供应链网络

传统航材供应网络的信息共享水平较低,航材供应链管理的思想和技术是解决这一问题的重要途径。航材供应链管理是运用供应链理论整合航材系统内各种资源,对传统的航材保障进行一定的业务重组、信息化改造,能够提高信息流管理的及时性、准确性,降低航材保障经费[169-170]。这就有助于提高航材保障的快速反应能力,进一步加强对大规模作战的适应性。

供应链管理的核心是通过加强供应链中成员实体间的信息交流和协调,以使其物流和资金流保持畅通,实现供需平衡。因此,信息共享是供应链各节点沟通和协作的纽带,是实现供应链管理的基础。为此,航材供应链网络应围绕信息共享需要,对传统的航材供应网络进行优化调整,如图6.4所示。

由图6.4可知,在航材供应链网络中,物流与资金流基本没有变化,变化的主要是信息流。所有供应链成员实体均通过航材供应链管理信息系统联系起来,航材的需求、生产、修理、物流等信息都可以通过该平台实现共享。当然,不可能所有航材的需求信息都对供应商(承修厂)和市场商家公开,但是可以根据实际需要进行有限共享。这样负责全寿命保障的承包商可随时查询部队需求,提前制订生产(修理)计划、采购相关材料、生产部队所需航材并主动配送到部队,这样可以大大减小航材的供货(修理)周期,提高保障效率。

与传统的航材供应网络相比,航材供应链网络的信息共享范围较大,涉及航材的全寿命周期。供应商(承修厂)不仅与航材主管机关共享航材研制、订货、生产信息,还与基层航材仓库共享航材消耗和送修信息、与航材保障对象共享航材故

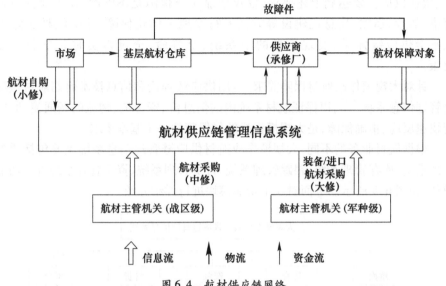

图 6.4 航材供应链网络

障信息,然后还需要根据用户保障需求改进产品设计、生产工艺,以不断提高航材的可靠性、保障性、维修性以及抢修性;航材主管部门不仅与基层航材仓库共享航材消耗、库存、调拨、送修等信息,还与航材保障对象共享装机使用航材寿命信息、故障信息;供应商可以参与航材目录维护工作,使航材目录能够不断及时更新。

航材供应链管理信息系统要与航材物联网仓储系统结合起来使用。首先,通过物联网仓储系统完成各种信息的采集、传输与存储等;然后,通过航材供应链管理信息系统来查询航材的全寿命、全过程信息,实现可视化跟踪管理。物联网仓储系统可在供应链的各个环节采集航材信息,但是需要在各个环节将相关信息录入 RFID 电子标签。例如,供应商在航材出厂前将航材基本信息、物流信息等录入 RFID 电子标签,部队在送修时可将送修信息、物流信息录入 RFID 电子标签。这样,部队、供应商(承修厂)可随时查询航材的实时状态。

全寿命、全过程的航材信息共享能够有效提高供应链的反应能力,可以较好地满足大规模作战对航材保障时效性的要求。因此,为更好地做好大规模作战航材保障工作,需要构建基于信息共享的航材供应链网络,并研制与应用基于供应链的航材管理信息系统。

6.2.4 基于供应链网络的航材管理信息系统体系结构

大规模作战所需准备的各种物资器材非常多,要求必须准确预测、优化库存、快速供应。要达到上述要求,仅仅依靠军方保障是不够的,还需要在航材筹措、储存、运输、信息化建设等方面实行军地一体化保障,并把航材保障纳入社会供应链体系,实现信息的全系统、全寿命、全过程实时共享和智能决策。

针对大规模作战航材保障需求,运用供应链理论和信息技术研制航材供应链管理信息系统[171],以保证航材系统内的信息流、资金流、物流的畅通流动,实现快速反应、精确保障,是大规模作战航材保障的一个基本要求。

根据航材业务的不同,大规模作战航材供应链管理信息系统主要包括质控管理系统、库存管理系统、跟踪管理系统、订货管理系统、资金管理系统五个功能模块,如图 6.5 所示。下面对 5 个功能模块进行详细介绍。

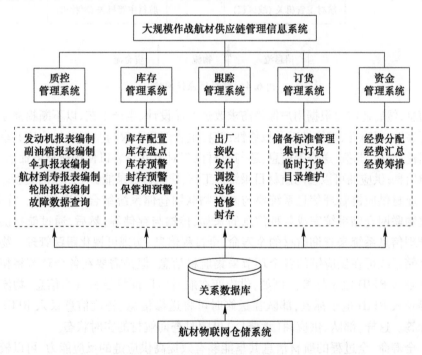

图 6.5 大规模作战航材供应链管理信息系统体系结构

(1) 质控管理系统实现发动机报表、副油箱报表、伞具报表、航材到寿报表、轮胎报表编制以及故障数据查询等。其中,航材到寿报表编制涉及的航材既包括装机航材,也包括库存航材。

(2) 库存管理系统可进行库存配置、库存盘点、库存预警、封存预警、保管期(即储存期)预警。其中,库存配置模块能够实现对供应商(承修厂)、岸基舰载机驻屯机场、综合保障基地、岛礁基地、海外基地与舰基航材储备的优化配置与各储备点库存实力的可视化呈现,可根据作战需要实时调整供应链各仓库节点和前推部署的航材资源。库存盘点模块可通过航材物联网仓储系统实现自动盘库。库存预警模块可按大规模作战航材储备标准的下限设置最低库存量,一旦库存低于该水平,系统即进行库存报警,提醒要及时补货。封存预警和保管期预警模块可分别根据封存期止、保管期止提前预警。

(3) 跟踪管理系统是对航材的出厂、接收、发付、调拨、送修、抢修、封存等工作进行全寿命、全过程的跟踪管理[1/2]。跟踪管理系统与物联网仓储系统共享航材定位信息,而且通过北斗导航系统可实现实时定位、实时感知航材保障全局态势,有利于全面统筹、及时反应、合理调度。

(4) 订货管理系统分为储备标准管理、集中订货、临时订货与目录维护四个模块。储备标准管理是对大规模作战航材储备限额标准进行管理。不同的大规模作战任务其航材储备标准也不同,需要根据各自的作战任务需求,利用大规模作战航材品种筛选方法、航材需求预测和储备模型来制订适合的储备标准。集中订货模块是依据储备标准进行大规模作战前航材筹备阶段的集中批量订货,由上级主管部门统一订货。临时订货模块则是在作战期间依据储备标准,结合航材自然消耗和战损情况,针对紧缺航材进行的紧急订货。目录维护模块是由部队和供应商合作维护航材目录,一是剔除淘汰航材,二是增加新航材,赋予唯一码并补充各种信息,同时制订其储备标准。

(5) 资金管理系统实现航材经费的分配、汇总、筹措等。首先,资金管理系统完成经费分配,由订货管理系统订货或者送修航材;然后,由跟踪管理系统负责物流过程中的全程跟踪;最后,航材到达基层航材仓库后由库存管理系统进行管理。

由图 6.5 可见,大规模作战航材供应链管理信息系统的基础数据均存储于关系数据库中,它与航材物联网仓储系统通过关系数据库主要共享了航材库存管理和跟踪管理两个模块的基础数据,实际上就是在一定程度上实现了两个系统的信息化集成。

大规模作战航材供应链管理信息系统与航材物联网仓储系统的共享数据是通过航材物联网仓储系统的识别与定位能力获取的。与传统的航材管理信息系统通过人工手段开展出入库作业的方式相比,大规模作战航材供应链管理信息系统因为集成了航材物联网仓储系统,就具备了航材自动识别、信息自动采集且实时更新的能力,大大提高作业效率;同时做到了根据航材保障需要,在供应链成员实体之间直接有限地实时共享航材保障信息,大大加快了供应链反应速度,有效地提高了航材保障的效率与精准度。

6.3 大规模作战航材业务决策支持系统

6.3.1 决策支持系统概述

目前的航材管理信息系统采用的是基于关系数据库的管理信息系统,是面向事务处理(OLTP)而不是面向分析处理(OLAP),其数据是日常操作产生的原始的流程性数据,无法为航材订货等业务决策提供支持。而且对于大规模作战来说,航材保障工作非常繁重,需要全面统筹、科学预测、及时决策,但目前的航材管理信息系统无法满足大规模作战航材保障决策的需要。

随着数据仓库和数据挖掘技术的快速发展和日渐成熟,管理信息系统发展到新的阶段,产生了基于数据仓库的决策支持系统[173-174]。与关系数据库相比,数据仓库管理的是大量历史的、存档的、归纳的、计算的、主题性的统计数据。

基于数据仓库的决策支持系统在以下几个方面优于基于关系数据库的管理信息系统[175-176]。

(1)数据仓库中的数据是面向决策需求的、按照便于分析整理的格式存储的信息数据,有利于充分发挥决策支持系统对决策分析的支持功能。

(2)数据仓库中的数据存储量大,可以满足决策分析对大信息量的需求。

(3)通过模型库进行数据挖掘,形成决策方案,提高了决策支持系统的有效性和实用性。

有些决策支持系统除了具有模型库还有方法库和知识库[177],在这种体系结构下,模型库只存储各种预测模型——包括标准模型(如规划模型、时间序列模型、灰色模型、回归模型等)和用户自建模型,其求解算法则存储于方法库,知识库主要是存储航材保障的经验、规则和航材保障专家的知识等。在模型库、方法库和知识库中,模型库是决策支持系统的核心,是最重要的部分。文献[178]所提出的决策支持系统模型库主要包括导弹备件消耗模型、战备储备模型、备件经费预算及分配模型、备件订货模型,同时该文献还提出将模型库与知识库相结合进行知识决策,为备件消耗标准、战备储备备件计划、订货计划和备件经费预算编制提供决策支持。另外,决策支持系统的模型库并不一定要存储很多模型,有些决策支持系统仅针对某一项业务进行决策,所需要的可能只有一个模型或者一套模型。例如,文献[179-181]所提出的决策支持系统中只建立了一个储备模型,就能够满足为订货决策提供支持的需要。所以模型库的构建不能一味求多,适用、够用即可。

6.3.2 航材业务决策支持系统体系结构

随着新机种的大量服役,训练和保障都面临新的课题,航材消耗和保障任务增大,航材业务信息量剧增,航材保障部门急需从海量的数据中提取出有用的信息以利于航材需求预测和辅助决策。因此,有必要利用数据仓库和数据挖掘技术尽快开发并推广应用航材业务决策支持系统,为平时和战时航材保障提供快速、科学的决策支持。除了围绕大规模作战需要开发航材供应链管理信息系统、物联网仓储系统,还需要在此基础上进一步研制大规模作战航材业务决策支持系统。

大规模作战航材业务决策支持系统主要由数据仓库、模型库和人机交互系统构成,如图6.6所示。

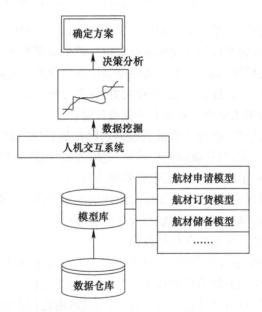

图6.6　基于数据仓库的航材业务决策支持系统体系结构

数据仓库中的主题性数据是根据航材历年的消耗、送修、故障、寿命以及装备实力、飞行任务量等数据汇总、统计出来的。决策支持系统可以基于数据仓库中的主题性数据,根据决策需要,运用模型库中的各种航材需求预测、库存优化、申请、订货等模型,通过人机交互系统实施数据挖掘,提出可能的决策方案,经决策分析、专家讨论后,确定最终方案。图6.6所示的系统没有把求解算法模型存储于单独的方法库,而是针对具体模型设计求解算法并将其与模型配套使用,一起存储于模型库。

大规模作战航材业务决策支持系统人工交互系统的功能模块主要包括航材申请、航材订货、航材携行、抢修航材供应、航材远洋应急补给、前置储备优化配置、决策方案评估等，如图6.7所示。

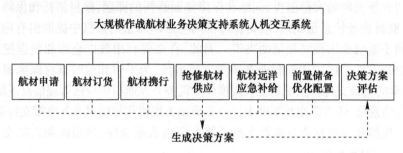

图6.7 大规模作战航材业务决策支持系统人机交互系统体系结构

（1）航材申请模块：基于实际消耗数据、送修周期等，利用模型库进行预测，生成航材申请方案，为基层航材仓库进行航材申请决策提供支持。

（2）航材订货模块：航材主管机关根据基层航材仓库提交需求，依据大规模作战航材储备标准，结合任务情况、库存实力，综合分析后确定订货方案；然后向供应链生产环节的军工企业或者地方供应商订货。

（3）航材携行模块：航材主管机关根据远海作战、护航、驻岛或转场任务需要，制订航材携行方案，包括航材携行清单、运输方式、路线规划、工装需求、人员编成等；然后，装箱、出库、运输上舰或运到转进机场。

（4）抢修航材供应模块：装备维修部门评估战场抢修任务航材需求，向基层航材仓库提出航材供应方案，基层航材仓库结合库存情况，制订战场抢修航材供应方案，及时筹措航材并紧急向战场投送。

（5）航材远洋应急补给模块：航材主管机关实时观察大规模作战航材保障态势，根据大规模作战航材消耗和短缺情况、前置储备航材库存实力以及舰基维修能力，制定战区航材应急补给方案。首先，在战区附近前置储备点筹备作战机群维修紧缺航材；其次，考虑从其他储备点筹措；最后，向战区实施应急支援保障。

（6）前置储备优化配置模块：航材主管机关根据大规模作战方向、作战区域等，对国内前出岛礁、海外基地、海上编队、海外临时储备点以及战区岸基临时机场等前置储备点的航材库存进行优化配置，制定大规模作战航材前置储备策略。

（7）决策方案评估模块：由战区联指下的供应链管理办公室组织计划部门、修理部门、运输部门等，对航材申请、航材订货、抢修航材供应、航材远洋应急补给、前置储备优化配置等决策方案进行评估，形成最终的保障方案并组织实施。

大规模作战航材业务决策支持系统不仅能为大规模作战航材申请、订货、携行等各种航材业务提供决策支持,还能运用决策分析方法对各种决策方案进行评估,协助明确问题、确定最终的保障方案。因此,该决策支持系统能够有效提高航材保障业务决策的水平,对做好大规模作战航材保障工作具有重要意义。

6.4 大规模作战航材保障信息系统综合集成平台

6.4.1 信息系统集成概述

目前,现有的各种装备保障信息系统大多相互独立,在数据结构与标准、软件开发平台、业务逻辑等方面都有所区别,可以说是"烟囱林立",它们之间难以互联、互通,信息交互与共享非常困难,大大阻碍了装备保障能力的进一步提升。而大规模作战是典型的一体化联合作战——这是信息化条件下战争的主要形态,对装备保障提出了新的需求,即要求将不同领域、不同功能的保障信息系统纳入统一的集成保障平台,综合利用不同系统中的信息以提供更高层次的信息共享和更有效的装备保障决策支持,实施精确高效、灵活机动的一体化综合保障。现有的相关保障信息系统无法满足该需求。

信息系统集成是指根据特定业务目标要求,对两个或两个以上的应用系统进行集成整合,使得信息系统之间形成强大的协同沟通、数据交换和互操作能力,能最大限度地放大装备保障系统的整体效能,从而支持各种保障业务目标的实现。装备保障信息系统集成的主要目的是实现装备保障资源共享、提高保障效率,在综合层面上使信息透明,便于掌握装备保障总体状况,为计划决策的科学化提供支持[182]。

前面介绍的大规模作战航材物联网仓储系统、航材管理信息系统、航材业务决策支持系统等航材保障信息系统之间相互独立,同时与装备维修相关系统也没有关联,导致这些系统的信息无法共享、难以交互。所以还需要将这些系统进一步集成,最大限度地共享信息并实时利用这些信息进行综合决策,这样才能更好地满足大规模一体化联合作战航材保障的要求。

6.4.2 航材保障信息系统综合集成平台体系结构

大规模作战航材保障信息系统综合集成平台主要包括航材管理信息系统、航材业务决策系统、保障信息可视系统、维修辅助决策系统四个子系统,如图6.8所示。

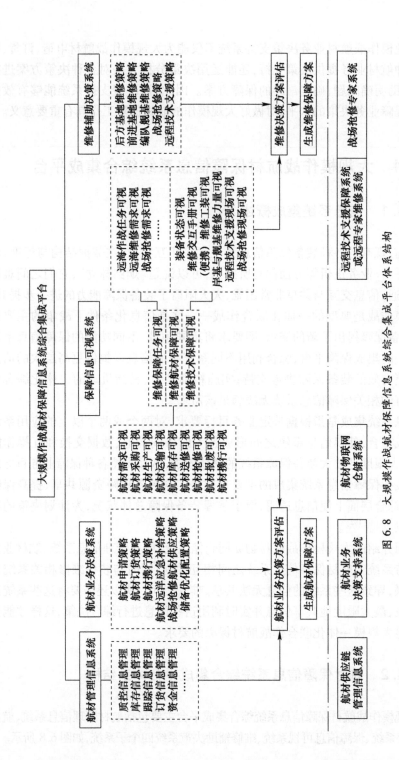

图 6.8 大规模作战航材保障信息系统综合集成平台体系结构

（1）航材管理信息系统：包括质控信息管理、库存信息管理、跟踪信息管理、订货信息管理、资金信息管理等模块。

（2）航材业务决策系统：包括航材申请策略、航材订货策略、航材携行策略、航材远洋应急补给策略、战场抢修航材供应策略、储备优化配置策略等模块。

（3）保障信息可视系统：包括维修保障任务可视、维修航材保障可视、维修技术保障可视等模块。其中，维修保障任务可视模块包括远海作战任务可视、远海维修需求可视、战场抢修需求可视等；维修航材保障可视模块包括航材需求可视、航材采购可视、航材生产可视、航材运输可视、航材库存可视、航材送修可视、航材抢修可视、航材报废可视、航材携行可视等；维修技术保障可视包括装备状态可视、维修交互手册可视、（便携）维修工装可视、岸基与舰基维修力量可视、远程技术支援现场可视、战场抢修现场可视等。

（4）维修辅助决策系统：包括后方基地维修策略、前进基地维修策略、编队舰基维修策略、战场抢修策略、远程技术支援策略等模块。

通过航材管理信息系统、航材业务决策系统与保障信息可视系统中的维修航材保障可视模块可对航材业务决策方案进行综合评估，进而生成最终的航材保障方案。而通过维修辅助决策系统与保障信息可视系统中的维修保障任务可视、维修技术保障可视模块可对维修决策方案进行评估，进而生成最终的维修保障方案。

大规模作战航材保障信息系统综合集成平台集成了航材供应链管理信息系统、航材物联网仓储系统、航材业务决策支持系统、远程技术支援保障系统或专家维修系统、战场抢修专家系统等保障信息系统，提高了各类保障信息系统的集成度和信息的利用率，有利于实时、准确地掌握装备维修和航材保障需求以及科学、快速地进行决策；同时，该平台整合了各类保障资源和手段，能够根据作战任务需要灵活快速地进行保障力量和资源调度。因此，该平台对提升大规模作战航材保障与装备维修效能、尽快恢复大规模作战航空装备战术技术状态具有非常重要的支撑作用。

本章主要是从大规模作战航材保障业务需要，对大规模作战航材保障信息系统综合集成平台的功能体系做了一定的探索性研究，但是还需要其他一些系统管理、权限设置等功能模块；另外，在综合集成平台的逻辑结构上也未深入研究，感兴趣的读者可以参考现有文献[183-184]。今后还应深入研究保障信息系统集成、信息共享、数据挖掘、决策分析等各种技术，进一步完善大规模作战航材保障信息系统综合集成平台的体系并开展研制与推广应用工作，以促使我军航材保障信息化建设更加贴近实战。

第7章
大规模作战航材保障相关建议

大规模作战航材需求预测和储备决策、大规模作战航材战场抢修保障、大规模作战航材保障模式、大规模作战航材保障信息系统是本书重点阐述的内容。实际上,大规模作战航材保障涉及很多方面,除了上述内容以外,还要考虑其他各种因素。本章围绕大规模作战航材保障需要,重点对大规模作战航材储供决策、远海作战航材保障、战场抢修保障、军地一体化航材保障等大规模作战航材保障工作进一步提出一些建议。

7.1 大规模作战航材储供建议

1. 前推部署、合理布局、多方式及时筹措

现代战争节奏快,物资器材消耗巨大。应以高效抢修保障为核心,进行航材前推部署,优化储备布局,才能满足大规模作战航材保障的需要。

航材前推部署应重点考虑主要作战方向和主要作战区域,在作战部队可能进驻的机场、军港、岛礁和海外基地以及交通条件好、辐射保障能力强的军地一线仓库。这些仓库都需要根据大规模作战任务需要加强各种设施、工装建设,以便随时把适量的航材配置到作战前沿仓库中,这样可以大大缩短投送距离,提高航材保障反应速度,为海上航材补给工作提供有力保障。

需要注意的是,前置储备的地点一般是距离大规模作战区域较近、能快速补给的地方。例如,远海作战前置储备点可以是国内前出岛礁、海外基地、海上编队、海外临时储备点以及战区岸基临时机场等。

航材的前推部署可以采取国内前出岛礁储备、海外基地储备、海上编队储备、海外临时储备点储备以及战区岸基临时机场储备等相结合的方式进行前置储备,这是网络化保障的基础,有利于战时的相互支援和快速投送。

由于航材筹措存在一定的时间延迟,所以必须依据储备标准通过各种方式提前筹备,以避免筹措不及时、不到位而影响大规模作战航材前置部署与应急保障工作。大规模作战航材筹措的主要方式有:①从周转库存中筹备;②从战储库存中筹备;③从兄弟单位调拨;④采用专项购置经费向生产厂紧急订货;⑤向承修厂紧急催修;⑥本级自制;⑦临时串件;⑧通过同装互保由空军、陆航协助保障;⑨通过军民联保向民航借件。

2. 从实战出发,加强前置储备航材库存的优化配置

对于前置部署的航材,需要从实战出发,对前置储备点进行统筹考虑,对其库存进行优化配置。例如,远海作战时,由于国内综合保障基地和岸基舰载机驻屯机场储备的航材是远海作战舰基储备的主要来源,远海作战前这些航材需要转运到编队舰基舱室;而国内前出岛礁、海外基地、海上编队、海外临时储备点以及战区岸基临时机场等前置储备点主要是为远海在航编队进行应急支援保障。因此,首先应重点加强海上编队的航材储备,适当降低岸基储备;在岸基储备中,应优先保证战区附近储备点的航材储备,然后是远海作战沿线的其他储备点的航材储备。国内综合保障基地和岸基舰载机驻屯机场主要作为后方支援储备点:一是为远海作战提供航材应急支援保障;二是为基地级维修提供航材保障。

前置储备航材库存优化配置时,不能只考虑周转航材,也要考虑战储航材。需要注意的是,平时一般不允许动用战储航材,但是可以考虑在平时或者战前将其适当分散部署于岸基后方仓库、岛礁基地、海外基地以及海外其他一些临时储备点。一旦爆发战争,战储航材即可动用。而且战储航材包含成套系统,具有大而全的特点,所以在战时它是周转航材的必要补充,能够为大规模作战航材供应提供更全面可靠的保障。

在大规模作战前置储备航材库存优化领域,可以采用系统工程、库存优化、人工智能等方法,以一定的保障经费、装备保障程度为约束,对航材前置储备进行优化研究。该研究有利于实现航材的精确保障,将有限经费发挥出最大的军事效益。

3. 深摸消耗规律,加强储备标准仿真验证研究

因为航材的保障经费是有限的,平时和战时能够筹备到的航材也是有限的。因此,应从实战出发,采用科学方法制订相关标准并进行科学验证。本书所提出的航材需求预测与储备模型是基于平时航材的消耗规律和现有的理论方法[185]研究建立的,还需要进一步深入研究大规模作战航材消耗特点,同时

在缺少大规模作战航材消耗数据样本的情况下,有必要进一步开展大规模作战航材储备标准的仿真验证研究。可采取的仿真方法包括:一是采用蒙特卡罗方法和其他更多的需求预测方法进行多种组合,寻求更优的方法来评估和验证;二是尝试采用系统动力学方法来对大规模作战航材供应系统进行模拟仿真。目前,尚未发现有学者进行这方面的研究,因此可以在该领域进行拓展性地研究。另外,需要注意的是,在对大规模作战航材供应系统进行模拟仿真时,应将作战过程中不同战役阶段飞机的损伤情况纳入航材供应系统。因为按照战役实施的特点,大规模作战过程中不同战役阶段(如进攻阶段、防御阶段)的装备使用情况不同,相应阶段的飞机战伤率、战损率是动态变化的。例如,以登岛作战为例,战役初期,以夺取制空权为目标,将执行大量的对空、对地进攻,此阶段作战强度大,敌反击强,我方飞机战伤、战损数量大,相关参数应取较大值;战役中期,我方取得制空权,飞机战伤、战损数量减少,相关参数将取较小值;战役后期,多用于支援地面军事行动,遭地面火力射击多,相关参数可以取中值。

4. 提高管理意识,重视管理手段研究及作用发挥

大规模作战航材储备标准是定量预测的结果,能够为大规模作战航材筹供提供科学依据。但是,大规模作战航材储备标准是采用平时的故障率,然后结合大规模作战任务强度等战时因素来制订的。由于缺乏实战数据,所以大规模作战航材储备标准的准确性难以通过实践来检验;尤其是战时航材的消耗具有极大的不确定性,所以大规模作战航材保障不能过于依赖定量测算的结果。航材保障人员必须清醒地认识这一点。要保证大规模作战航材的供应,除了提供科学合理的标准依据,管理手段也是确保大规模作战期间飞机完好率必不可少的有效手段。下面主要介绍几种需要加强的管理手段,以便在大规模作战航材保障工作中更好地发挥作用。

(1)应对常耗航材建立最低库存预警机制,一旦少于要求的储备下限,马上预警、提醒及时补货。可以通过信息化手段进行库存预警,如航材供应链管理信息系统、航材物联网仓储系统均可以实现该管理要求。当前,现有的航材管理信息系统还不能较好地实现库存预警,航材物联网仓储系统也未推广应用。因此,航材信息化水平还不能满足大规模作战快速反应、快速决策的要求,还需要进一步加强建设,实现消耗航材库存的科学预警,以及时补货,避免缺件停飞。

(2)跟踪催修是不少航材保障人员容易忽视的。经常把待修航材发到工厂修理后,就不再关注修理进度,导致有些航材一两年才修返。因此,如果不重视

跟踪催修,就容易导致航材修理周期过长、周转速度过慢、库存水平过低,这样势必导致缺件风险大大增加。因此,应加强航材跟踪催修管理,通过积极的管理手段来提高保障效益。

(3) 空军、陆航、海航和民航很多机型都是相同的,所以在航材保障方面可以实施同装互保。目前同装互保的运行机制还不够畅通、航材互保工作开展的不够深入,因此需要进一步完善同装互保工作机制、打通沟通协调障碍、加大同装互保深度,使同装互保真正成为大规模作战航材保障的可靠支撑。

(4) 加强以厂代储,将该模式推广应用到各种机型的战储航材与周转航材管理工作中。可以和工厂签订合作协议,重点针对机载任务系统设备、起落架等重要航材,开展大规模作战期间航材的储存、补充供货以及保管期间的性能检测和维护等工作。这种管理模式的主要好处有:一是降低部队航材管理压力;二是确保储存期间性能完好;三是促进工厂改进生产工艺和材料,以进一步提高航材可靠性,减轻供应压力。

5. 周密部署,做好沿海一线地区航材保障工作

沿海一线地区的交通、通信等基础设施便捷,有利于组织实施大规模作战物资器材的筹措、运输,也有利于动员地方海运、渔船等保障力量参与近海、远海作战航材保障工作。但是,沿海机场、岛礁机场、海外基地及其航材仓库均为地面设施,目标固定,建制规模大,可能遭遇敌空中突击力量的打击。因此,这些航材保障力量生存能力差,应对这些地面设施做好防卫准备工作。同时,远海作战航材保障行动受气象条件影响较大,尤其是夏季高温、高湿、高盐、多雨、多风暴,保障环境恶劣,应根据季节特点和海洋环境等因素制定完善的保障计划。

7.2 远海作战航材保障建议

远海多机种战训任务下的航材保障任务非常繁重,对舰上应储备的航材规模、保障模式、保障手段等都要进行充分全面的论证规划。

1. 寻求多样化的航材保障模式

寻求多样化的航材保障模式是做好大规模作战航材保障任务的重要保证。远海作战是一种典型的大规模作战任务,远海作战能力是确保我国海外利益的

关键依仗。远海作战任务条件下的航材保障应建立以本土基地保障为基础、海上保障为重点、海外支援保障为辅助的三级远海作战航材保障模式,灵活运用各种保障力量,在行动海域全方位、全纵深地对远海作战力量实施及时、全面、持续的综合保障。在海外基地数量少的情况下,应重点发展快速战斗支援舰、综合修理舰、舰载运输机等保障装备,以保障装备的快速发展促进海上自主保障、伴随保障、机动保障和远程技术支援保障等各种保障模式的实战化运用,这样才能有效地提高远海作战航材保障的快速反应能力和综合保障能力。另外,应充分利用地方保障力量建立合理、高效的军地一体化保障模式,积极拓展海外基地保障以及靠泊外国港口补给的路子,以不断增强远海作战行动的海外补给能力。

2. 优先在航期间的航材保障

优先在航期间的航材保障,就是在航材保障资源一定的条件下,将海军在航航空装备保障排在优先的地位,确保其对航材的保障需求。

海军优先在航装备器材保障,主要是因为在航航空装备正处在履行军事行动任务过程之中,对航空装备的战术技术性能和作战能力的恢复有着更为急迫的保障需求。能否及时得到航材的保障,关系到在航航空装备能否有效和顺利地完成军事行动任务,战时则关乎作战的成败。现代海上作战持续时间短、节奏快、航材消耗大,准确把握航材保障时机,对于恢复航空装备作战能力极为重要。因此,优先在航装备器材保障是适应现代海战装备保障的必然选择。

海军优先在航期间的航材保障,既要有完善的保障组织体系,也要有先进的技术手段。例如,美国海军一方面加强各层级装备器材保障机构(由海军供应系统司令部武器系统保障部、海军装备器材库存控制站、舰队后勤中心、舰基器材管理分队等组成)的建设,另一方面也加强了航材供应系统建设,形成了从美国本土、海外军事基地到航母编队和两栖编队的全方位、高效能的航材供应网络,可以使编队在任何时间、任何地点得到所需的任何航材。

3. 确保远海作战航材及时供应

远海作战航材保障的核心目标是及时供应,确保供应不间断。为此,要全面加强航材保障信息化建设、提升信息化保障水平,确保做到"两快",即决策快、供应快。

(1)要实现决策快,就需要开发基于北斗导航系统的信息管理系统,对远海作战航材保障进程进行全过程监控,以实时更新、全面共享航材库存、修理等信息,实现及时预测、高效决策,为实现精确航材保障提供必要的技术平台。

(2)要实现供应快,一方面需要开发基于二维码和射频技术的物联网仓储管理系统,对远海作战航材进行岸舰一体化跟踪管理,同时提升航材出入库作业速度,实现高效航材保障;另一方面,还需要加强快速投送保障力量建设,提高战略海运、空运能力和海内外基地的航材发运能力,以更快地将航材投送到远海既定战场,实现战时航材的快速投送。

4. 加强远海作战部队级维修力量建设

美国海军特别重视舰员级修理,认为舰员既是舰船装备的使用者,又是舰船装备的维修者。舰基保障力量直接参加维修,对于平时保持航空装备的战备完好性、战时保持其战斗力都具有十分重要的意义。尤其在战时,一旦航空装备发生作战损伤,只有舰基保障力量才能做到最及时的抢修。

美国海军在有关指令性文件中明确规定,维修应安排在切合实际的所允许的最低维修等级上完成。也就是说,凡是舰员能够修理的装备,都应该安排在舰员级修理。为此,美国海军从两个方面加强装备维修能力建设。一是加强舰员级维修训练,完善资格认证,建立作战部队中继级维修专家库,力求舰队自身具备中继级维修能力,从而使舰员级维修力量同时具备舰员级和中继级维修能力,也就是说达到了部队级维修能力。二是综合运用信息采集、存储、处理、传输以及辅助决策技术等高新技术,研制并使用了海军维修与器材管理系统,整合了装备维修计划编制、维修控制、器材供应与管理等环节,成为舰上和岸上维修保障部门实施精确保障的重要平台。该系统对舰员的维修职责、维修程序、维修方法、维修器材保障等,都做出了明确的规定,强调舰员必须按照规定的职责和程序方法完成维修任务。海军维修与器材管理系统的使用降低了对维修人员的技术要求,舰上维修人员能够看懂故障警告信息,并能够按照警告信息对武器装备系统进行备件更换,然后将问题准确地向相应部门报告即可,有利于实现部分基地级维修能力。

我军可以参考美军经验,加强舰基维修能力建设,力争达到部队级维修能力,即同时具备舰员级与中继级维修能力,并争取具备部分基地级维修能力。为此,可参考美军舰基维修与管理系统,研制符合我军舰载机航材保障需求的舰载机维修与任务支援系统,统筹开展舰载机维修与使用保障工作,提高保障效率;同时不断提高信息化管理水平,进一步规范维修科目、程序、方法以及航材保障作业流程,使保障人员明白自己的职责、明确工作程序、掌握工作方法,进而建立起非常可靠、保障有力的远海作战航材保障力量,更好地为我军遂行远海作战任务保驾护航。

7.3 战场抢修保障建议

1. 加强战场抢修演练

平时就应该制定大规模作战航材保障预案,组建航材战场抢修组织机构,开展大规模作战航材抢修演练,为大规模作战航材战场抢修提前储备具备一定抢修能力的维修人员。抢修演练应设置专用抢修演练场地,配备必要的车辆、抢修设备、抢修方舱、工具箱以及演练用的航空装备等。这样通过定期开展针对性的演练,即可不断提高战场抢修能力。

战场抢修演练应以军方维修保障力量为主,同时也要充分利用地方维修保障力量,成员包括机务大队、部队修理厂、大修厂以及地方厂所、物流企业的相关专业技术人员。通过战场抢修演练,不断提高军地联合开展大规模作战航材战场抢修的能力。

2. 研制航材战场抢修专家系统

应结合大规模作战航材战场抢修的特点,将智能决策技术引入到战场抢修中,研制航材战场抢修专家系统。该系统将专家知识系统、数据仓库技术以及物联网技术等有机结合,为抢修人员提供智能决策支持。该系统的具体功能包括:一是对战损装备的损伤等级进行评估,确定受损后的战术指标,计算该指标下能完成的作战任务;二是结合相应的故障诊断技术,根据故障现象对具体损伤部位给出故障诊断的方法或步骤;三是故障原因确定后,针对不同故障制定出所有可行的抢修方案,同时计算每种抢修方案能使装备恢复到何种状态、所需时间、成功概率以及所需资源等,然后提供最优方案供抢修人员决策;四是将部队大修厂、飞机设计所、生产厂、航空院校和修理现场连成一体,使不同地点的维修专家通过视频能够同时观看维修现场的故障场景,集中分析故障原因并进行疑难解答,指导现场人员进行维修,为战场抢修提供跨时空、远距离的维修技术支援[186]。

航材战场抢修专家系统能够存储当前战场环境信息、装备基本情况信息、航材库存信息、航材故障信息、航材修理信息、航材到寿信息、航材位置信息、抢修所需资源信息等,提供的决策和技术支持符合战场环境特点和使用需要,可以大大缩短指挥人员的决策时间,提高决策水平和抢修效率。

航材战场抢修专家系统集成了远程技术支援保障系统与航材业务决策支持

系统,既能提供远程技术支援保障,也能实现航材管理的智能决策。该系统是提高大规模作战航材战场抢修保障能力的重要手段,在平时就应高度重视该系统的研制与推广应用工作。

3. 军地联合战场抢修应合理分工、密切配合

各种飞机的机载任务系统结构复杂、价格昂贵、维修技术要求高,军方自主维修难度大、压力大。可充分利用工厂技术力量强、保障资源丰富等有利条件,由工厂负责保障高价值、部队难以独立维修的机载任务系统。

各种飞机的机体结构、工作系统等航材维修技术要求比机载任务系统低很多,而且在大规模作战中会经常发生作战损伤,这些航材应以部队维修保障力量为主开展战场抢修。必要时可以通过战场抢修专家系统,由军地联合开展远程技术支援。为此,平时应积极加强部队一线修理机构建设和军地抢修人员培训,不断提高部队航材自检、自修的能力和军地联合抢修能力,使战场抢修更可靠、更快捷。

4. 制定战场抢修预案并合理配备物资器材

应瞄准实战需要,编写海上作战、对岸打击等不同作战任务下的战场抢修预案。为便于开展大规模作战期间的战场抢修,预案中还应明确不同作战规模的战场抢修器材配备清单。具体方法是:依据战区航材前置储备(如编队舰基航材储备和战区附近海域预置储备、海外基地储备),结合战场具体任务,确定最终的抢修器材清单;然后,利用前置储备航材,按实有的机群规模,组建若干套维修器材,并用方舱储存。战时可根据参战机群规模,将器材储存方舱、维修人员、维修设备等一起打包投送到作战区域内的前沿机场,快速建成一个"飞机康复中心",这对有效提高战场抢修效率是非常有利的。

7.4 军地一体化航材保障建议

1. 军方主导,地方辅助

军地一体化保障应优先加强军内保障力量建设,以增强军队的独立保障能力;积极动员、吸纳、引导地方保障力量参与大规模作战航材保障活动,充分发挥军地双方各自优势,提高保障效能;建立并完善联合保障机制,突出军方在谋划、决策、协调、指导军地一体化航材保障中的主导作用,确保军队始终掌握军地一体化航材保障主动权。

2. 需求牵引，平战结合

着眼应对多个方向的安全威胁，完成多样化军事任务的战略部署，促进现有航空装备特别是高新技术装备形成大规模作战航材保障能力，规范军队与地方、平时与战时的航材保障任务分工、力量编成运用、方式方法选择、手段条件配套等，以战时的需求牵引来带动平时的建设，确保平时的航材保障能力能够满足大规模作战时的保障需求，并能快速完成平战转换。

3. 资源集成，注重实效

按照国家经济社会和国防、科技、武器装备发展整体布局，本着集约高效的要求，对军地双方装备保障功能相同或相近的资源进行优化整合、集成配套和综合利用，实现跨军地、跨军种的同装互保，在更高层次上达到保障资源统筹、保障设施统建、保障力量统用的目标，最大限度地发挥军地一体化保障的军事和经济效益。

4. 试点先行，分步推进

采取先研究后实践、先试点后推广的办法，在保障范围上，从军队办不了、保障能力未形成的航空装备或者航材开始，逐步向其他装备和航材延伸；深入探索军地一体化航材保障组织模式、任务划分、管理机制和实施方法等，稳步推进军地一体化装备保障建设进程。

5. 民船改造，军民通用

应加强民船改造，重点选择大型国企的民船，根据大规模作战航材保障需求对这些民船进行适应性改造。平时这些民船分散在国企开展正常商业活动，战时征用时不需要再临时改造即可投入使用。另外，也可以在国企建造大型商船时就把大规模作战物资器材快速补给的功能需求考虑进去，这样制造出来的商船就是军民通用的装备。

6. 加强训练，军地协同

要重视对地方保障力量进行大规模作战航材保障的训练，以培养地方保障力量战时空运、海运、陆运的快速补给能力。另外，还需要安排地方保障力量参与各类大规模军演，练习与军内保障力量的协同作业，为陆上作战机群、航母编队或者两栖编队舰载机等各种作战力量实施物资器材的远程投送，不断提高实战能力，形成可靠的陆上或海上地方保障力量。

附 录
某航材战场抢修预案

1. 用途

本战场抢修预案规定了某航材在战场抢修中的相关要求,主要内容有抢修深度与方法,抢修人员配置,抢修所需时间,抢修所需的工具、设备、备件、资料,以及修理质量记录要求。

2. 抢修深度与方法

战场抢修主要是战场抢修队在现场仅用直观判断和较少的测量仪器和工具就可实施的应急性维修。

1）检查

通过检查系统的连接是否正确、操作是否正常等来确定故障件。

2）检测与评估

经上述检查后,仍有故障,则应利用相关仪器进行检测,对故障现象进行评估分析,确定故障原因。

3）修复

根据航材的履历本、技术说明书和使用维修手册,利用配套工具、设备进行现场排除或者更换故障单元。

3. 抢修所需人员配置

按照航空装备的一般维护要求以及根据履历本中的性能指标利用配套工具和设备进行检测、修复等工作的要求,应配备××名抢修人员。

4. 抢修所需时间

根据对故障检查、检测、评估和修复所需时间的估算,可以确定抢修需要××小时。

5. 抢修所需工具、设备、备件和资料

抢修所需工具、设备、备件和资料如附表1所列。

附表1　某航材抢修所需工具、设备、备件和资料配置表

种类	名称	型号	数量
工具	各种工具	××	1套
设备	××测试仪	××	1台
	××信号器	××	2台
	××毫伏表	××	3件
	××频率计	××	1件
	××功率计	××	2件
	××示波器	××	1台
	××电源	××	2台
	××模拟器	××	1台
备件	备件1	××	2套
	备件2	××	2套
	备件3	××	2套
资料	履历本或技术说明书		1本
	使用维修手册		1本

6. 修理质量记录要求

（1）应提供产品履历本和修理质量记录各一份。如不能提供质量记录的,应按照 GJB 9001B—2009 质量体系要求记录,并存档备查。

（2）产品修理质量记录内容应包括修理所有活动的过程性情况,具体内容如下：

① 主要修理性能、技术数据。

② 技术通报落实情况。

③ 故障件的名称、型号、生产日期、批次号。

④ 换件记录。

（3）质量记录填写要求。

① 对故障的状态、部位的描述要翔实,用词要确切、完整,产品修理质量记录中有数据要求的填写实测数值,无数据要求的填写"合格"或"符合要求"。

② 应使用黑色签字笔,字迹清晰,签名和印鉴工整可辨,日期要明确;不允许涂改,如有涂改应盖章确认;有特殊要求的应做出明确规定。

（4）履历本填写要求如下。

① "性能检查记录栏"应填写性能实测数据。

② "检修记录栏"应填写"产品经验收合格,可以装机使用"。

③ "重要记事栏"应填写产品储存期、保证期、翻修间隔期等。

第××战场抢修队

参考文献

[1] 陆四海,郑金忠,季鸣. 基于 ARINC 模型的航材保障效能指标分析[J]. 仓储管理与技术,2007(4):29-31.

[2] 杜俊刚,何亚群. 美空军精确保障下航材可修件供应指标探讨[J]. 徐州空军学院学报,2007,18(4):88-91.

[3] 辛后居,崔阳,贺锐,等. 某型飞机单装航材消耗标准研究[J]. 硅谷,2014(21):196-197.

[4] 郭峰,强海滨. 航空装备维修器材单装消耗、周转和库存限额标准研究[J]. 军事运筹与系统工程,2017,31(1):68-73.

[5] 周海军,马大为,成洪俊,等. 防空兵弹药消耗标准[J]. 指挥控制与仿真,2015(5):71-74.

[6] 崔亦斌,刘华安,张兆新,等. 二炮备件消耗标准制定分析[C]//中国青年运筹与管理学者大会论文集,2001:453-459.

[7] 张富兴,高海洋,金约夫,等. 重型汽车燃料消耗标准现状分析[J]. 公路与汽运,2011(4):24-28.

[8] 赵建民. 新装备备件消耗标准制定方法及软件系统[J]. 系统工程与电子技术,2001,23(5):33-35.

[9] 毕义明,王汉功. 武器装备损耗备件预测模型研究[J]. 装备学院学报,2004,15(1):1-4.

[10] 刘筱晨,黄宏东,刘博. 构建经费消耗标准定额模型的意义及步骤[J]. 军事经济研究,2012(11):48-49.

[11] 罗承昆,陈云翔,项华春,等. 满足任务要求的航材库存限额确定方法[J]. 数学的实践与认识,2015,45(10):107-114.

[12] 董骁雄,陈云翔,王莉莉,等. 基于满足率的备件库存限额确定方法[J]. 南京航空航天大学学报,2017,49(3):447-452.

[13] 张利旺,徐常凯,徐刚,等. 基于贝叶斯网络的航材可修件周转比例计算[J]. 微型机与应用,2011,30(22):93-95.

[14] 张仕念,刘春和,刘雪峰,等. 战储备件储备品种选择的属性分析法[J]. 系统工程

理论与实践,2007,27(10):118-123.

[15] GJB 1378A—2007,装备以可靠性为中心的维修分析[S]. 中国人民解放军总装备部,2007.

[16] 刘挺,柏林. 基于逻辑决断图——主成分分析法的部署备件包品种确定[J/OL]. 航空工程进展,2022:1-7.

[17] 赵淑舫. 基于维修理论基础上的航材需求预测方法研究[D]. 南京航空航天大学,2002.

[18] 高崎,黄照协,刘栋,等. 基于比例故障率的周转备件预测方法[J]. 火力与指挥控制,2013(11):148-152.

[19] 倪现存,左洪福,陈凤腾,等. 民机周转备件预测方法[J]. 南京航空航天大学学报,2009,41(2):253-256.

[20] 孙奕,邵川,陈刚,等. 飞机航材周转件备件需求预测模型,Aircraft Spare Parts spare parts demand forecasting model[P]. CN 106934486 A,2017-07-07.

[21] 高清振,王耀华. 军用飞机周转备件库存预测方法[J]. 军事运筹与系统工程,2010,24(4):41-45.

[22] 唐伟. 装备维修保障的航材需求预测研究[D]. 武汉:武汉理工大学,2007.

[23] MILOJEVIC I, GUBERINIC R. Deterministic and heuristic models of forecasting spare parts demand[J]. Vojnotehnički Glasnik,2012,60(2):235-244.

[24] ADAMS J L, ABELL J B, ISAACSON K E. Modeling and Forecasting the Demand for Aircraft Recoverable Spare Parts[R]. Rand Co.,1993.

[25] 毛海涛,周圣林,吕日毅. 航空发动机备份数量需求模型的研究[J]. 航空维修与工程,2009(2):44-46.

[26] 解江,江洋溢,李学文,等. 基于遗传算法的发动机需求量组合预测方法[J]. 计算机工程,2006,32(24):245-247.

[27] 左召军,钟新辉. 航材消耗的时间序列分析[J]. 长沙航空职业技术学院学报,2004,4(3):29-32.

[28] MA X, WANG L, WANG T. Prediction of missile spare parts consumption based on time series[C]//International Conference on Mechatronics Engineering and Information Technology,2017.

[29] REGATTIERI A, GAMBERI M, GAMBERINI R, et al. Managing lumpy demand for aircraft spare parts[J]. Journal of Air Transport Management,2005,11(6):426-431.

[30] REN J, ZHOU Z, FANG Z. The Forecasting Models for Spare Parts Based on ARMA[C]//Computer Science and Information Engineering,2009 WRI World Congress on. IEEE,2009:499-503.

[31] HUA Z, ZHANG B. A hybrid support vector machines and logistic regression approach for forecasting intermittent demand of spare parts[M]. Applied Mathematics and Computation,2006,181(2):1035-1048.

[32] 刘信斌,沐爱琴,辛安. 基于ARIMA模型的航材需求预测[J]. 价值工程,2016,35

(24):250-251.

[33] 贾治宇,康锐. 基于ARIMA模型的备件消耗预测方法[J]. 兵工自动化,2009,28(6):29-31.

[34] 刘杨,任德奎. 基于灰色理论的间断性需求备件预测方法[J]. 兵器装备工程学报,2011,32(4):27-29.

[35] 吴清亮,董辉,张政,等. 基于神经网络对航材备件需求率的预测分析[J]. 兵工自动化,2009,28(1):54-55.

[36] 万玉成,何亚群,盛昭瀚. 基于灰色系统与神经网络的航材消耗广义加权函数平均组合预测模型研究[J]. 系统工程理论与实践,2003,23(7):80-87.

[37] 李院生,时和平. 温特法在装备备件消耗预测中的应用研究[J]. 现代电子技术,2007,30(5):69-71.

[38] 刘晓春,黄爱军,马芳,等. 基于指数平滑技术的装备维修备件需求预测[J]. 装备环境工程,2012(6):109-112.

[39] 程玉波,车建国,杨作宾,等. 基于指数平滑法的装备维修器材需求量预测[J]. 指挥控制与仿真,2009,31(1):115-117.

[40] 戚君宜,高钰榕,程世辉. 导航装备维修用备件需求预测[J]. 空军工程大学学报·自然科学版,2009,10(2):51-55.

[41] 赵劲松,贺宇,门君,等. 基于灰色模型的不常用备件需求预测方法[J]. 军事交通学院学报,2016,18(1):35-38.

[42] KOURENTZES N. Intermittent demand forecasts with neural networks[J]. International Journal of Production Economics,2013,143(1):198-206.

[43] KAYACAN E,ULUTAS B,KAYNAK O. Grey System Theory-Based Models in Time Series Prediction[J]. Expert Systems with Applications,2010,37(2):1784-1789.

[44] AMIRKOLAII K N,BABOLI A,SHAHZAD M K,et al. Demand Forecasting for Irregular Demands in Business Aircraft Spare Parts Supply Chains by using Artificial Intelligence (AI)[J]. IFAC Papers Online,2017,50(1):15221-15226.

[45] 李保华,杨云. 备件需求预测模型研究[J]. 航空维修与工程,2008(5):59-61.

[46] GUO F,DIAO J,ZHAO Q,et al. A double-level combination approach for demand forecasting of repairable airplane spare parts based on turnover data[J]. Computers & Industrial Engineering,2017,110:92-108.

[47] ROSIENKIEWICZ M M. Artificial Intelligence Methods in Spare Parts Demand Forecasting[J]. Logistics & Transport,2013,2(18):41-50.

[48] MOON S. Predicting the Performance of Forecasting Strategies for Naval Spare Parts Demand[J]. Management Science & Financial Engineering,2013,19(1):1-10.

[49] SYNTETOS A A,BABAI M Z,ALTAY N. On the demand distributions of spare parts[J]. International Journal of Production Research,2012,50(8):2101-2117.

[50] LENGU D,SYNTETOS A A,BABAI M Z. Spare parts management:Linking distributional

assumptions to demand classification[J]. European Journal of Operational Research,2014,235(3):624-635.

[51] EAVES A H C,KINGSMAN B G. Forecasting for the ordering and stock-holding of spare parts[J]. Journal of the Operational Research Society,2004,55(4):431-437.

[52] JR G F B,ROGERS W F. A Bayesian approach to demand estimation and inventory provisioning[J]. Naval Research Logistics,2010,20(4):607-624.

[53] Craig C,Sherbrooke. 装备备件最优库存建模:多级技术[M]. 第二版. 贺步杰,译. 北京:电子工业出版社,2008:19-22.

[54] RUSTENBURG W D,HOUTUM G J V,ZIJM W H M. Spare parts management for technical systems:resupply of spare parts under limited budgets[J]. Iie Transactions,2000,32(10):1013-1026.

[55] 石丽娜,冯玉娥. 基于泊松分布的航材周转件库存量数学模型[J]. 上海工程技术大学学报,2004,18(2):141-143.

[56] 李圆芳,樊玮. 基于智能算法的航材库存控制优化模型[J]. 计算机技术与发展,2014(11):186-189.

[57] 聂涛,盛文,王晗中. 装备备件两级闭环供应链库存优化与分析[J]. 系统工程理论与实践,2010,30(12):2309-2314.

[58] 何亚群,谭学峰,金福禄. 基于可用度的飞机可修件需求分析[J]. 系统工程与电子技术,2004,26(6):848-849.

[59] 刘源,陈云翔,周中良,等. 基于可用度和费用要求的航材备件储备量优化[J]. 空军工程大学学报·自然科学版,2009,10(6):15-18.

[60] 邱风,汪洋. 通用雷达装备维修器材储供标准模型[J]. 军械工程学院学报,2006,18(2):30-32.

[61] 倪冬梅,赵秋红,李海滨. 需求预测综合模型及其与库存决策的集成研究[J]. 管理科学学报,2013,16(9):44-52.

[62] 陈靓. 基于供应链的A航空公司航材库存管理优化研究[D]. 西北大学,2016.

[63] 李崇明. 基于可靠性分析的航材采购模型研究[D]. 中国民航大学,2016.

[64] 张瑞昌,赵嵩正. 消耗性航材备件订货模型的确定[J]. 军事运筹与系统工程,2004,18(4):40-42.

[65] GJB 8257—2014. 通用雷达装备维修器材筹措供应标准编制要求[S]. 中国人民解放军总装备部,2014.

[66] GJB 4355—2002. 备件供应规划要求[S]. 中国人民解放军总装备部,2002.

[67] GJB 3914—99. 电子对抗装备随机备件概算[S]. 中国人民解放军总装备部,1999.

[68] U Dinesh Kumar. 可靠性、维修与后勤保障:寿命周期方法[M]. 刘庆华,宋宁哲,译. 北京:电子工业出版社,2010.

[69] 张守玉,郭世贞. 美军战场合同商保障对我军军民融合保障的启示[J]. 装备学院学报,2013(6):27-30.

[70] 张平,焦彦平,单玉泉. 美军军民融合一体化装备保障实践及启示[J]. 兵器装备工程学报,2009,30(9):138-139.

[71] 舒正平,李忠光,张永东,等. 装备维修军民融合保障体系建设基本问题研究[J]. 装备学院学报,2016,27(1):6-10.

[72] 孙万,焦彦平. 探索新形势下军民融合式装备保障发展之路[J]. 装备学院学报,2010,21(3):5-8.

[73] 张育坤,邓小芳,张捷,等. 装备器材供应保障信息系统设计与实现[J]. 工业控制计算机,2022,35(4):139-141.

[74] 唐嵊,周旭辉. 装备供应保障信息系统的设计与实现[J]. 通讯世界,2017(15):286-287.

[75] 李东,吴龙涛. 基于SOA的战略装备器材保障信息系统设计[J]. 四川兵工学报,2013,34(1):65-68.

[76] 袁晓芳,郦智斌. 外军舰船装备技术保障信息系统建设情况及对我军的启示[J]. 中国修船,2012,25(4):50-53.

[77] 周泽云,向阳霞,邹渝,等. 基于物联网技术的装备调配保障信息系统设计[J]. 四川兵工学报,2014,35(6):47-51.

[78] 张宇飞,路旭,陈亮,等. 构建装备一体化保障信息系统[J]. 中国物流与采购,2013(18):76-77.

[79] 姜文志,丰海波,李彪,等. 基于B/S的舰船装备维修保障信息系统[J]. 计算机时代,2006(9):5-7.

[80] 王少聪,令狐昌应,门君,等. 陆军装备维修保障信息系统构建[J]. 军事交通学院学报,2018,20(11):21-25.

[81] 刘功龙,申卫民,杨毅钧,等. 武器装备保障信息系统集成与应用研究[J]. 数字技术与应用,2020,38(6):81-83.

[82] 代冬升,王跃利,马维宁. 装备保障信息系统集成框架设计研究[J]. 装备学院学报,2015,26(4):101-104.

[83] 李文俊,杨学强. 装备保障信息系统集成研究现状[J]. 军事运筹与系统工程,2018,32(2):53-59.

[84] 闫红伟,康建设,赵纳新,等. 战时装备维修备件品种确定步骤与方法研究[J]. 物流科技,2007(5):166-168.

[85] 胡一繁. 飞机战伤备件需求模型研究[D]. 西北工业大学,2007.

[86] 常文兵,卢菊平,肖波平. 武器系统战时备件需求规律分析[J]. 质量与可靠性,2006(4):11-17.

[87] 周仁斌,王国富,浦金云. 战时装备备件需求的多层次灰色预测[J]. 军械工程学院学报,2002,14(3):38-42.

[88] 吴晓辉. 战时备件申请时机和申请量研究[J]. 价值工程,2012,31(2):300-301.

[89] 孙胜祥,李征宇,安天霞. 备件战时存储费用需求预测研究[J]. 武汉理工大学学

报.信息与管理工程版,2007(1):150-156.

[90] 郭会军,刘伟.基于ARIS的战时备件需求仿真模型研究[J].科学技术与工程,2007(12):6257-6259.

[91] 闫红伟,康建设,赵纳新.战时装备维修备件携运行量确定方法研究[J].科学技术与工程,2007,7(5):816-819.

[92] 闫小拽,闫莉.基于战时航空装备备件保障度模型的研究[J].中国新技术新产品,2008(9):13-14.

[93] 李文元,张勇军,李德龙,等.通信装备战时随装携行备件优化方法[J].兵工自动化,2011,30(3):26-29.

[94] 刘喜春,王磊,许永平,等.战时可修复备件供应保障优化模型[J].系统工程与电子技术,2010,32(12):2595-2599.

[95] 刘喜春,朱延广,王维平.战时多阶段备件供应保障优化[J].计算机工程与应用,2008,44(8):238-241.

[96] 吴晓辉.战时装备分散配置备件运行量优化研究[J].价值工程,2011,30(23):304-305.

[97] 闫红伟,康建设,赵纳新,等.战时装备维修备件重要度模糊综合评定方法[J].兵工自动化,2007(2):16-17.

[98] 李守惠,刘金龙.提高战时航材保障能力的对策[J].空军装备,2004(6):30-31.

[99] 何志德,宋建社,马秀红.武器装备战时备件保障能力评估[J].计算机工程,2004(5):38-39.

[100] 王铁宁,张利民,王锰,等.战时器材资源点保障能力评估[J].装甲兵工程学院学报,2003(9):63-65.

[101] 隋志刚,李守发.航空兵部队战时机动空运转场携行标准研究[J].空军第二航空学院学报,2003,18(4):26-28.

[102] 唐晋,王云涛,毕晟.战时装备器材应急保障探析[J].物流科技,2004(4):80-82.

[103] 傅光仪,吴永春,傅涛.应急作战航材保障思考[J].空军装备,2006(3):46-47.

[104] 杜加刚,孙威,蒋斌.联合作战中航材保障供应链管理研究[J].物流科技,2014,37(12):103-105.

[105] 张登滨,江小贵.提升信息化条件下航材保障能力对策研究[J].中国设备工程,2017(3):174-175.

[106] 林泉洪,高兴勤.适应未来作战需要提高装备航材仓库保障能力[J].仓储管理与技术,2002:14-15.

[107] 张立峰,赵方庚,孙江生,等.基于遗传算法的战时备件配送车辆调度[J].微计算机信息,2009(8):223-225.

[108] 王路路,时和平,王瑞,等.战时通信装备备件配送模型[J].兵工自动化,2012(6):18-24.

[109] 张立峰,赵方庚,孙江生,等.战时备件配送的 MDVRPTW 问题研究[J].数学的实践与认识,2009(7):113-120.

[110] 王科,袁文君,万玉成.战时航材紧急调运需求度研究[J].徐州空军学院学报,2008(3):69-72.

[111] 文韬,湛建平,熊纯.空军移交修理企业应急作战条件下战场抢修组织体系建设研究[J].航空维修与工程,2014(2):52-54.

[112] 陈希林,肖明清,王学奇.国内外战场抢修研究的现状和发展[J].兵工自动化,2006(9):14-17.

[113] 付致伟,郭鹏,覃天.现代维修理论在战场抢修中的应用[J].兵工自动化,2008(1):41-42.

[114] 李执力,杨华冰,张进.浅谈美军的战场抢修[J].国防科技,2005(3):71-75.

[115] 王建胜,孙国林,李明友.美军战场抢修能力建设及其对我军的启示[J].装备指挥技术学院学报,2010,21(5):46-49.

[116] 黄卓,辛鹏.提高装备战场抢修能力的思考[J].环球市场信息导报,2016(26):106.

[117] 薛元飞,王春杰,刘辉,等.大规模作战装备保障能力的建设[J].军事交通学院学报,2015,17(5):32-35.

[118] 张宏飞.机械化战争时代单一空中力量最大规模作战内幕霸王之鹰——诺曼底空中战役的现代启示录[J].国际展望,2005(4):74-85.

[119] 龚立,黄波,刘忠.大规模作战仿真数据存储模型研究[J].计算机与数字工程,2012,40(2):52-55.

[120] 陈怀友.大规模作战仿真平台可视化关键技术研究[D].哈尔滨工程大学,2010.

[121] 张健,吴娟.大规模作战海上民用运输船舶动员与运用[J].军事交通学院学报,2017,19(11):1-5+45.

[122] 贾晓炜.建立完善战区军地联合保障机制为大规模作战背景下联合训练提供有力支撑[J].国防,2012(4):4-7.

[123] 张锦,聂伟,沈军,等.大规模作战物流配送 VRP 模型及求解[J].军事交通学院学报,2015,17(11):59-63.

[124] 周建民,李伟,李涛.内陆省军区做好大规模作战背景下防卫作战准备的若干思考[J].国防,2014(7):27-30.

[125] 蒋华,孔祥飞.大规模作战背景下长江口地区防卫作战财务保障问题探析[J].当代经济,2013(23):38-39.

[126] 李杰.空军大规模作战财务保障准备研究[J].军事经济研究,2010,31(1):70-72.

[127] 周忠,吴家锋,郭海华.大规模作战地方油料动员工作的几点思考[J].物流科技,2012,35(6):70-71.

[128] 王超群,苑德春.基于排队论的大规模作战民航卫生后送飞机需求研究[J].军

事交通学院学报,2020,22(1):19-23.

[129] 郭峰,温德宏,刘军,等. 绝对寿控航材需求预测[J]. 兵工自动化,2013(9):32-36.

[130] 王琨. 航材的采购与库存管理[D]. 南京:南京航空航天大学,2002.

[131] 陈建华. 我国航空公司航材周转件计划与库存管理研究[D]. 北京:北京交通大学,2009.

[132] 韩维,商兴华,李成,等. 舰载机维修保障力量需求研究[J]. 海军航空工程学院学报,2010(6):671-675.

[133] 刘兴堂,吴晓燕. 现代系统建模与仿真技术[M]. 西安:西北工业大学出版社,2001:166-167.

[134] 付兴芳,李继军,李宗植. 基于两级供应关系的可修复备件存储策略模型研究[J]. 系统工程理论与实践,2004(2):111-115.

[135] 胡进荣. 歼8飞机典型故障战场抢修方法[D]. 张家界航空工业职业技术学院,2012.

[136] 吴红印. 直升机战场抢修特点及对策[C]//第四届长三角科技论坛航空航天与长三角经济发展分论坛暨第三届全国航空维修技术学术年会论文集,2007:251-253.

[137] 周慧贞,李福生,郭全魁. 远海防卫作战装备保障准备问题研究[J]. 装备学院学报,2014(3):10-13.

[138] 刘大雷,于洪敏,张浩. 我军海外军事行动装备保障问题研究[J]. 军事交通学院学报,2017,19(9):22-25.

[139] 刘江平. 远洋护航是中国海军的国际使命[J]. 当代海军,2009(1):23.

[140] 张召忠. 走向深蓝[M]. 广州:广东经济出版社,2011.

[141] 吴建明. 揭秘中国海军首次远海合同训练[J]. 当代海军,2008(11):23-26.

[142] 韩跃. 中美海军远海护航行动后勤保障模式比较研究[J]. 国防,2017(6):40-43.

[143] 王文亮,程明. 对舰载机保障系统的建立及其特点的思考[J]. 教练机,2012(1):60-63.

[144] 周帆. 民用飞机修理级别分析模型研究[D]. 天津:中国民航大学,2015.

[145] 李国华,陆挺,金鑫. 美军联合后勤保障体制及其信息系统[J]. 指挥信息系统与技术,2017,8(2):5-14.

[146] 徐启利,龚耘. 美国海外基地在联合作战中的作用探析[J]. 海军工程大学学报(综合版),2020,17(1):29-32.

[147] 孙绍红. 海外基地的前世今生[J]. 领导之友,2015(9):51.

[148] 刘增勇,张勇,欧阳欢,等. 基于MAS的战时装备机动保障模型研究[J]. 指挥控制与仿真,2010,32(4):52-55.

[149] 宫明,张学锋. 军民融合式装备保障模式研究[J]. 中国市场,2014(6):99-104.

[150] 焦红,任学峰,魏爱国. 基于感知与响应的柔性军事供应链[J]. 物流技术,2007,

26(8):258-260.

[151] 曾勇.军事供应链集成——推进后勤系统融合的新路径[M].北京:经济管理出版社,2015.

[152] 关冰兵,李长海,穆彤娜.现行体制下装备联合保障建设问题及对策研究[J].装备学院学报,2012,23(5):14-18.

[153] 于双双,王铁宁,李宁,等.基于联合保障的装备器材供应模式研究[J].装备学院学报,2016,27(5):29-33.

[154] 任淑霞,范灵,宋可为.F-35飞机全球备件保障模式研究[J].航空维修与工程,2020(4):14-16.

[155] 王果,王志斌,刘靖峤,等.两栖登陆作战后勤保障研究[J].船舶,2019,30(4):108-114.

[156] 黄谦,王红旗.两栖重型合成旅登陆作战后勤保障[J].国防科技,2019,40(3):89-92.

[157] 托马斯·斯特罗瑟,陈咏丽.美国海军远海作战理论新视角[J].外国海军文集,2004(4):7-8.

[158] 胡浩,熊伟.从军民融合的角度看战时海上运输补给保障[J].中国水运(下半月),2012,12(10):21-22+120.

[159] 黄飞,韩冬梅,李彪.美军海上基地后勤保障经验及我军海上保障能力的构建[J].军事经济研究,2011,32(05):75-78.

[160] 陈祥斌,唐昊,李文羚,等.海外保障基地装备维修保障建设思考[J].军事交通学院学报,2021,23(1):35-40.

[161] 徐伟剑,吴晓东,孙大同.海外保障基地运输投送问题研究[J].军事交通学院学报,2020,22(3):9-12.

[162] 张余清,刘志远.美国军事物联网及应用[J].物联网技术,2017,7(2):108-110.

[163] 范文洁,徐立珍,刘耕云,等.基于物联网技术的航材保障研究[C]//2011航空维修理论研究及技术发展学术交流会论文集,2011:282-284.

[164] 上海远尧智能科技有限公司.基于RFID技术的物联网仓储管理系统解决方案[J].金卡工程,2015(6):58-60.

[165] 刘佳.物联网仓储系统设计研究[J].无线互联科技,2017(12):36-38.

[166] 吴晗.基于物联网RFID的智能仓储系统软件设计[D].南京:南京邮电大学,2021.

[167] 张丽.基于物联网的智能仓储系统的设计[J].电子技术与软件工程,2017(8):180.

[168] 陶齐齐.基于物联网技术的智能仓储系统的研究与设计[J].信息与电脑(理论版),2019,31(18):10-11.

[169] 王进发,李励.军事供应链管理[M].北京:国防大学出版社,2004.

[170] 史霄霏,崔崇立,王慧.供应链理论在航材保障中的应用[C]//中国航空学会青

年科技论坛文集,2004:771-776.

[171] 焦豪,胡峰. 基于信息化的供应链管理模式研究:VMI 管理系统[C]//第三届中美电子商务高级论坛论文集,2006:337-341.

[172] 马绍民. 综合保障工程[M]. 北京:国防工业出版社,2002:4-5.

[173] 王光宏,蒋平. 数据挖掘综述[J]. 同济大学学报,2004,32(2):246-252.

[174] 宋立明. 基于 RFID 的航材管理数据库及数据挖掘研究[D]. 天津:中国民航大学,2012.

[175] 张爽,胡清河,汪定伟. 基于智能体的供应链决策支持系统研究[J]. 计算机研究与发展,2006,43(1):405-410.

[176] 郭峰,温德宏,周斌,等. 基于数据仓库和数据挖掘的航材消耗定额决策支持系统[C]// Proceedings of 2012 International Conference on Electronic Information and Electrical Engineering(Part Ⅴ),2012:38-42.

[177] 陈涛. 备件库存决策支持系统及库存模型研究[D]. 华中科技大学,2004.

[178] 刘华安,崔亦斌,张兆新,等. 二炮备件管理决策支持系统研究[C]//第四届中国青年运筹与管理学者大会论文集. Global - Link Publishing Company,2001:455-459.

[179] 朱一飞. 备件储备量决策支持系统研究[J]. 电脑开发与应用,2001(8):16-18.

[180] 宋彦学,韩晓明. 防空导弹武器系统备件储存量决策支持系统研究[J]. 战术导弹技术,2005(5):28-30+37.

[181] 耿云喜,郭乃林. 武器装备备件库存决策支持系统设计与开发[J]. 成都信息工程学院学报,2006(5):690-693.

[182] 李文俊,杨学强. 装备保障信息系统集成研究现状[J]. 军事运筹与系统工程,2018,32(2):53-59.

[183] 张建伟,黎铁冰. 一种装备保障信息系统综合集成方法研究[J]. 舰船电子工程,2009,29(8):23-25+161.

[184] 苏小波,冀亚林,王学义,等. 装备保障管理信息系统集成框架及管理平台研究[J]. 四川兵工学报,2007(5):16-17+30.

[185] 郭峰,王德心. 航空装备维修器材筹措供应标准研究[M]. 北京:国防工业出版社,2020:2-3.

[186] 高乾,赵英俊,王宏. 装备战场抢修智能决策支持系统[J]. 兵工自动化,2008,27(8):92-94.